食は世界の歴史をどう変えたか…
食材・料理は時代の陰の主役だった

东方丛书

改变世界的食物

〔日〕玉造润——著

王潮——译

人民东方出版传媒
People's Oriental Publishing & Media
东方出版社
The Oriental Press

图字：01-2022-1408

SHOKU WA SEKAI NO REKISHI WO DOUKAETAKA by Jun Tamatsukuri
Copyright © 2021 by Jun Tamatsukuri, All rights reserved.
Originally published in Japan by KAWADE SHOBO SHINSHA Ltd. Publishers, Tokyo.
This Simplified Chinese edition is published by arrangement with KAWADE SHOBO SHINSHA Ltd.
Publishers, Tokyo c/o Tuttle-Mori Agency, Inc., Tokyo through Hanhe International (HK) Co., Ltd.

中文简体字版版权由汉和国际（香港）有限公司代理
中文简体字版专有权属东方出版社

图书在版编目（CIP）数据

改变世界的食物 /（日）玉造润 著；王潮 译 . ——北京：东方出版社，2022.10
ISBN 978-7-5207-2785-3

Ⅰ . ①改… Ⅱ . ①玉… ②王… Ⅲ . ①饮食－文化史－世界 Ⅳ . ① TS971.201

中国版本图书馆 CIP 数据核字（2022）第 080236 号

改变世界的食物
（GAIBIAN SHIJIE DE SHIWU）

作　者	[日] 玉造润	
译　者	王　潮	
责任编辑	姬　利　徐洪坤	
出　版	东方出版社	
发　行	人民东方出版传媒有限公司	
地　址	北京市东城区朝阳门内大街166号	
邮　编	100010	
印　刷	北京汇林印务有限公司	
版　次	2022 年 10 月第 1 版	
印　次	2022 年 10 月第 1 次印刷	
开　本	787 毫米×1092 毫米　1/32	
印　张	8.375	
字　数	127 千字	
书　号	ISBN 978-7-5207-2785-3	
定　价	56.00 元	
发行电话	（010）85924663　85924644　85924641	

为美味菜肴增添色彩的
宏伟历史故事

　　对现代人来说，吃是日常生活中必不可少的快乐源泉。究其原因，是真正品尝美食的并不是我们的嘴，而是掌管我们五感的"大脑"。换句话说，在我们享用一道美食时，我们会下意识地将有关原料和烹饪方法的知识、经验以及好奇心融入美食中，而以上这些信息会对大脑产生强烈刺激，进而让我们对享用美食产生更深的"愉悦感"。

　　了解"食物史"这件事，又会进一步刺激我们的大脑。我们可以把这些有关食物的知识转化为每次用餐时提升愉悦感的"调味剂"。因此读者在阅读完此书后，或许可以让日常生活中有关美食的愉悦感提高两倍以上。

　　比如说，仅仅是在了解了马铃薯的历史之后，你或许就会改变对于马铃薯炖肉的看法。长久以来，对日本人和欧洲人来说，肉类都是稀缺食材。以前的人们更习惯靠米饭和面包等主食来填饱肚子，但马铃薯的发现彻底改变了欧洲人的饮食习惯。人们仅仅靠种植马铃薯就可以实现果腹的需求，而剩余的马铃薯又可以作为饲料来喂养肉猪。从那一刻开始，历史的车轮转变了前进方向，经常食用肉类在欧洲变成了一件稀松平常的事情。同时，饮食习惯的改变也与后世无数帝国的兴衰，与英雄的诞生及陨落有着密不可分的关系。当然，马铃薯炖肉只是这条食物史长河中的一小部分。

　　通过这本书，希望各位读者朋友今后在品尝每道美食的同时，也能感受到与这道美食有关的历史故事的魅力。

1
辑一

粮食：
孕育了文明，催生了强大国家

辑二

肉：

孕育了"禁忌"，决定了历史上的成败

3

辑三

水产：
催发了对外侵略冲动

4

辑四

香料与调味料：
重新涂写了国际局势

5

辑五

咖啡与茶：
点燃了世界范围内革命与叛乱的火苗

6
辑六

酒：
背后的英雄兴衰往事

辑七

世界代表性美食

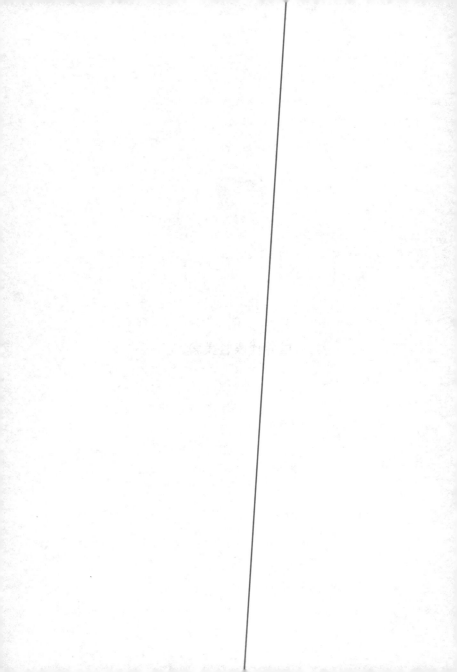

辑一

粮食：孕育了文明，催生了强大国家

马铃薯扩展了人类文明的可能性

马铃薯是孕育了近代文明的农作物。特别是对于欧洲的现代化进程以及世界霸主地位的确立来说，马铃薯都是不可缺少的食物。

马铃薯的伟大体现在它惊人的人口供养能力上。相同种植面积下，马铃薯的净收获量是小麦的三倍。除此之外，种植马铃薯所需要的人力也比耕种小麦少得多。马铃薯的生命力也十分顽强，甚至在高寒地区或贫瘠地带都能进行种植。正因为马铃薯顽强的生命力，人们可以在小麦与水稻都无法生存的土地上种植马铃薯，这大大拓宽了人类活动的范围，增添了文明更多的可能性。

虽说马铃薯是近代欧洲繁荣强盛的根基，但这自然的恩惠最初是馈赠给了南美洲的印加帝国。马铃薯的原产地在南美洲安第斯山脉中的的的喀喀湖附近，那时生活在南美洲的人们的主要能量来源是另一种植物——玉米。最近的研究认为，当时的南美洲人也有可能已经将马铃薯作为

印加帝国时期种植马铃薯的场景

日常的食物来源之一了。

　　南美洲最璀璨的文明要数印加帝国了。在十四到十五世纪期间，印加帝国的人口就已经从 600 万增长到了 800 万，而他们的首都在那时就已经拥有高大的石质建筑。笔者认为，能支撑起这个伟大文明的食物正是马铃薯。

　　到了十六世纪，由于西班牙人的入侵，印加帝国遭到了毁灭。在那之后，西班牙人把南美洲的马铃薯带到了欧洲大陆。

马铃薯因一场战争
而被人们摆上餐桌

十六世纪，从南美洲漂洋过海到达欧洲大陆的马铃薯一开始其实并不受欢迎。马铃薯最初被人们视为观赏性植物，谁也没想到它可以成为这么伟大的食材。

欧洲居民在把马铃薯当作食物这件事上表现得十分抗拒。再加上马铃薯的芽与皮有一定的毒性，稍加传播就让马铃薯被扣上了"引发传染病"的大帽子。

让人们改变对马铃薯的偏见的是"三十年战争"——天主教对新教徒发动的最大规模的宗教战争。在那场战争中，瑞典、丹麦、西班牙等国的军队把德国境内的土地搞得一片荒芜。

对失去耕地的农民来说，等待他们的只有饿死。在数百万农民相继惨死的过程中，马铃薯渐渐走进了人们的视野。在饥饿面前，有毒真的算不上什么大问题了。从那时起，德国农民开始栽培马铃薯，并把它端上了餐桌。这也是马铃薯"扎根"欧洲大陆的关键一步。

马铃薯帮助
新兴普鲁士国家赢得战争

马铃薯刚刚在德国站稳脚跟，就迎来了改变德国与欧洲历史的辉煌时刻。尽管德国人在"三十年战争"的悲剧中发现了马铃薯的重要性并开始大规模种植，但种植马铃薯的热潮仅限于德国西部。直到新兴国家普鲁士出现，德国东部的人们才开始重视马铃薯产业。

十八世纪，普鲁士出现了腓特烈一世和腓特烈二世两位重视军事的国王。这对父子为了让普鲁士摆脱贫穷，走向军事化，成为强大的国家，倾注了大量心血。他们在加强士兵训练的同时，也逐渐将马铃薯视为重要的能量来源。特别是腓特烈二世颁布的《马铃薯法令》，几乎强制性地要求农民大规模种植马铃薯。

当然，结果也是显而易见的。1740 年打响的奥地利王位继承战争中，普鲁士军队不仅从强大的奥地利帝国手中抢走了西里西亚地区，更在之后奥地利的对普复仇战——七年战争中坚持到底，不曾屈服。当时的普鲁士面对强大的奥地利、俄国、法国的包围，一度面临灭国的危机，但他们没有放弃，而是战斗到底，劈开了自己通往强大国家的荆棘之路。

人们普遍认为，在奥地利王位继承战争和七年战争中，普鲁士军队的强大表现得益于腓特烈二世超凡的军事才能。其实，不论多么超凡的军事素养都需要能够完美执行指令的顽强士兵的支撑。当时的普鲁士士兵由于有马铃薯的充足供给，因此可以比敌国士兵获得更充分的营养，而充足的营养又使普鲁士士兵能够承受严格的训练压力，克服各种困难，完成一个个艰难的军事任务。

除此之外，马铃薯还让普鲁士王国的人口得到了飞速增长。在 1740 年腓特烈二世刚刚即位时，普鲁士王国仅有 224 万人口。而在他去世的 1786 年，人口竟达到了 543 万，是他刚即位时的 2 倍多。虽说有一部分成果要归功于领土的扩张，但也难掩马铃薯对人口增长的巨大贡献。

马铃薯的伟大之处在于，就算耕地被士兵踩踏破坏，在收获时期仍然能够取得一定量的收成。对于小麦等传统谷物来说，一旦田地受到破坏，到了收获时节基本上就会颗粒无收。而马铃薯因生长在地下，就算耕地遭到了一定程度的破坏，它也能保证自己不受到伤害。

虽说在七年战争中普鲁士王国全境都沦为了战场，但幸运的是，生长在地下的马铃薯并没有受到过多损伤。普鲁士士兵就是靠着食用这些马铃薯来维持体力、战斗到底的。

腓特烈二世在晚年时，又一次与奥地利帝国在拜仁王位继承战争中打了一场。不过这次冲突并不激烈，普鲁士士兵们也得以利用闲暇时间大力种植马铃薯。这场战争因而也被人们称为"马铃薯战争"。依靠马铃薯获得强大国力的普鲁士，在之后的德国统一中也扮演着重要的角色。

马铃薯栽培技术的落后诱发了法国大革命

七年战争之后，普鲁士王国推行的《马铃薯法令》也传播到了法国境内。

在法国第一个大力推崇马铃薯的是安托万·帕尔曼提，他是一位药剂师，曾在七年战争期间作为法国士兵被普鲁士俘虏。在被俘虏的日子里，他每天都吃马铃薯，渐渐地喜欢上了这种神奇的食物。

被释放回国后，他四处宣扬马铃薯的优点，连国王路易十六都被他打动了。那时，法国已经被世界人民称为美食之国了，而安托万为了让马铃薯配得上这个美食之国，费尽心思发明了诸如马铃薯蛋包饭、马铃薯碎肉焗饭等流传至今的美食。

国王路易十六和王妃玛丽·安托瓦内特也从马铃薯身上看到了法国光明的未来，他们从此开始大力向国民推广马铃薯。国王把马铃薯的花插在自己的衣服上，而王妃更是直接身穿画有马铃薯花朵图案的衣服出行。

只可惜，马铃薯在法国推广的速度还是慢了。1789年，法国大革命爆发。在革命最激烈的时候，路易十六和他的王妃相继被送上了断头台。

法国爆发大革命最直接的原因就是当时持续的饥荒问题。法国在爆发革命之前的十年间，发生了三次因气候问题而导致的大饥荒。也因此，路易十六夫妇在马铃薯身上看到了解决饥饿问题的突破口，只可惜那时马铃薯种植的推广才刚刚有些头绪而已。路易十六因为没能帮民众解决饥饿问题而被民众解决了。

在之后我们会提到，对十八世纪的法国人来说，面包是唯一的食物。每人每天只能靠食用1千克的面包来勉强填饱肚子，除了面包，几乎什么都没有。

面包的原材料小麦是种脆弱的农作物。小麦既无法对抗极端天气，也无法保证产量不会突然减少。因此只要一段时期内全国各地频繁出现恶劣天气，小麦的产量必然下滑，面包也会变得供不应求，等待人们的只有无尽的饥饿了。正因如此，法国才会爆发如此激烈的革命。

但是，如果法国能够早些引进马铃薯，比如和普鲁士的腓特烈二世一样，在十八世纪中期就开始推广马铃薯种植的话，那么到了 1780 年前后，法国人就可以靠马铃薯维持生计，法国大革命也许就不会发生了。

这样的假设放在日本江户时期也可以适用吧。那时的日本把红薯作为关东和关西地区的救灾食物引进了国门。正因此，萨摩地区的国力得以飞速增长。但日本的东北地区就没有这么幸运了。在江户时期，日本东北地区屡次遭到粮食歉收的打击，各个藩属国也陷入不断内耗的恶性循环中无法自拔。

事实上，马铃薯传入日本的时间比红薯要早得多。早在十六世纪末期，马铃薯就已经踏上了日本列岛的土地。只可惜当时的日本人对马铃薯完全提不起兴致，倒是对红薯情有独钟。虽说红薯甜糯的口感比较符合日本人的饮食习惯，但红薯在气候寒冷的东北地区是很难种植的。对日本东北地区来说，只有马铃薯是最适合的粮食作物。

假设日本东北地区的各个藩属国把马铃薯作为救灾食物，像水稻一样大力推广种植的话，也许当地藩属国的人们就可以靠着马铃薯挨过水稻歉收的那些艰难岁月。

如果真是这样的话，那么日本幕府末期到明治初期的那场大动乱也许会有不一样的结果。

如果食用马铃薯的东北藩属国在面对食用红薯的萨摩藩属国时也有了一战之力，那么西乡隆盛和大久保利通的计划说不定也不会实现了……

马铃薯饥荒
让爱尔兰人不再信任英国

　　马铃薯给了拿破仑征服欧洲的可能性，同时填饱了英国工业革命时期最为关键的工人阶级劳动者的肚子。马铃薯也因此被视为欧洲近代化发展的原动力之一。但相对地，如果连马铃薯都出现供不应求的状况，那么当地也一定会爆发前所未有的危机。这里我们用 1840 年前后发生的爱尔兰岛马铃薯饥荒的事例进行说明。

　　爱尔兰不但气候寒冷，耕地也十分贫瘠，在十七世纪被英国的克伦威尔占领后成为英国的殖民地。当时爱尔兰三分之二的农耕用地被英国人管理规划，主要用于种植英国人所需要的小麦。

　　马铃薯给当时悲惨的爱尔兰人带去了一丝光明与希望。爱尔兰人用剩下三分之一的农耕用地种植马铃薯，做到了让全国人民免受饥饿。不但如此，那段时期爱尔兰的人口也得到了飞速增长。

　　可到了 1840 年，饥荒还是对爱尔兰人痛下杀手了。当时在欧洲流行的病毒性枯萎病传到了爱尔兰，爱尔兰全境的马铃薯都感染了这种病毒，爱尔兰的马铃薯大规模地枯萎。除了马铃薯外没有其他食物来源的爱尔兰人难逃厄运，马铃薯的歉收意味着他们要直面这场饥荒了。

而此时的英国政府并没有采取任何救助行动。爱尔兰生产的小麦依旧全部运往英国，没有一粒能出现在爱尔兰人的餐桌上。此举加剧了爱尔兰马铃薯饥荒对爱尔兰人的影响。对于当时的爱尔兰人来说，只剩下远赴海外苟且偷生和留在本岛坐以待毙这两条路可走了。

这次饥荒不但使大量爱尔兰人死亡，更是逼迫大量爱尔兰人背井离乡、漂洋过海去求生。比如美国第三十五任总统肯尼迪，他的祖先就是当时被迫逃难的爱尔兰人之一。

这场马铃薯饥荒给爱尔兰人留下了挥之不去的巨大阴影，他们对英国人当时毫无作为、见死不救的态度积怨颇深。以至于到现在，爱尔兰和英格兰之间依旧摩擦不断，其中大概也少不了马铃薯饥荒事件的原因吧。

大米篇

"五胡乱华"使大米
成为中国人重要的主食之一

　　大米是东亚、东南亚各国人民的主要食物之一，而以大米作为主食也是现今东亚各国能拥有庞大人口的原因之一。笔者认为，大米可以被称为"谷物之王"。相同耕种面积下，大米的可供应人口数是小麦的3~4倍。仅仅扩充水稻田的面积，就可以实现国家人口增多、走向繁荣富强的伟大目标。也正因如此，一个国家食用大米的历史与国家疆域扩大的历史其实是有所重叠的。最典型的例子就是中国。

　　日本人普遍认为中国是水稻耕种面积极大的国家。特别是最近几年的研究显示，大米很可能不是从朝鲜半岛，而是从中国的长江流域传播到日本的。很多人仅凭此事就认为中国自古以来就是水稻产量极高的国家，但事实可能并非如此。

　　公元前三世纪前后，中国处于强大而又繁荣的汉朝时期，人们十分重视"五谷"的产量。所谓五谷，大多指的是小米、黍、小麦、大豆以及麻。对于当时的汉朝人民来说，大米似乎不属于重要的"五谷"之一。

话又说回来，汉朝时期的国家政治经济中心位于黄河的中下游流域，也就是说，汉朝人民主要聚集于中原一带。此区域气候温暖，确实不适合种植水稻。也因此，当时的中国人大多不以大米为主要的食物来源。

让这一切发生改变的是四世纪前后发生的"五胡乱华"事件。西晋政权被南匈奴击败，中原地区不断遭受来自蒙古高原和西藏高原地区游牧民族的骚扰。在那战火纷飞的时代，不少畏惧战争的汉族人背井离乡，到长江以南地区生活。

得益于温暖湿润的气候以及三角洲平原独特的地理环境，江南地区格外适合种植水稻。尽管如此，古代中国人并不向往在江南地区生活。汉朝初期，华北地区和江南地区的常住人口比例就达到了 9∶1。因为古代江南地区流行以疟疾为首的各种传染病，当时的汉族人因惧怕瘟疫而不愿接近江南地区。

当然，如果华北地区战火纷飞，那情况就变得不一样了。"五胡乱华"时期的汉族人大举迁往江南地区，并开始大规模种植水稻。

此后，江南地区也因为种植水稻渐渐变得富足，常住人口大大增加。到了八世纪前后，华北地区和江南地区的人口比例变成了6.5∶3.5。

还有两个重大事件影响着江南地区的发展。第一个是十一世纪前后，籼米由越南传入中国。籼米不但成熟周期短，且不惧怕阳光的强烈照射。因此从那时开始，江南地区就已经可以种植双季稻了。

另一件大事是十二世纪前期，北宋为由女真族建立的金国所灭，宋室南渡并建立了南宋。汉族的政治和经济中心再次转移到江南地区，江南地区因此得到了飞速发展。

从结果上看，虽然晋朝败给了北方游牧民族，迫使汉族人大举南迁，但汉族人口也凭借水稻的强大人口供养力得以恢复。同时，扩大的可耕种土地又使当时的中国变得更加富庶了。

"大米至上主义"
间接导致日本德川幕府的衰落

　　说到日本人的主食，肯定非大米莫属。尽管如此，日本也不是从一开始就能做到家家户户有米吃的。直到明治时期，对种植水稻的农民来说，大米一直是可种而不可食的高级农作物。从古代到江户时期，大米都属于统治阶级与富裕阶层的特供商品。

　　江户时代，日本的农民主要以小米、稗子和小麦为日常三餐的主食。换句话说，当时的农民主要以杂粮为食，而仅仅把种植水稻当成一份工作。

　　日本人如此喜爱大米，而日本满足不了全民有米吃的重要原因之一就是可耕地面积不足。在德川幕府统一日本之前，日本几乎没有对河流冲积平原进行过开发利用，直到德川家康政府为日本带来了短暂的和平时期，日本人才开始加大对河川冲积平原和沼泽地区的开发与利用。渐渐地，日本的可耕种土地面积达到了未开发前的两倍以上。尽管农民还是无法食用大米，但当时的城市居民已经可以吃到大米做的主食了，城市中渐渐兴起了一股"大米至上"的风气。

江户时期的大米产量增长与当时的"大米至上主义"极大地影响了日本未来的走向。在当时，大米甚至可以作为一般等价物用于流通和上缴税收。

虽然不同时代税收的比例会有所增减，但在日本，农民必须向幕府（中央政府）和藩国（地方政府）上缴一定比例的收成。政府会把收缴的税米分发给武士作为薪水，而武士又可以通过贩卖这些俸禄换取金钱来维持生计。

同时，各个藩国会把米统一送往大阪。这是因为当时大阪有全日本唯一的大米交易市场，各个藩国会在这里售卖大米换取金钱以扩充自己的财政资金。于是大阪便拥有各个藩国的贮藏仓库，成为日本独树一帜的经济都市。在大阪的堂岛还设有大米交易中心，这属于世界上第一批期货交易市场。如上所述，说大米为大阪带去了繁荣也不为过。

由于大米的经济流通属性，米价的大幅下跌会导致一千克大米可兑换的金钱大幅减少，江户中期的武士阶层因此苦不堪言。而"大米至上主义"最终间接导致了德川幕府的衰落。

过度食用大米
令日本的将军们患上脚气病

日本人的"大米至上主义"，或者说他们对大米莫名的情怀，致使德川幕府倒台。德川将军及其手下的高级武士阶层都因为偏爱大米引起维生素摄入不足，患上了缺维生素型脚气病。患上此病会出现脚部浮肿和全身无力的症状。病情一旦恶化，就有可能因心脏麻痹而猝死。

脚气病在水稻种植地域较为多发。日本在古代虽说也发现过脚气病的病例，但那时患病的只有天皇及其身边的贵族阶层。随着耕地面积的扩大，能食用大米的国民越来越多，脚气病逐渐经由将军、高等武士向一般市民扩散开来。

而让他们患上脚气病的原因，就是他们对于精致白米的过度追求。原本大米是富含维生素 B_1 等营养物质的，但因为人们更偏爱精磨后白米饭的口感，在食用前往往会多次精磨加工，导致白米中的维生素 B_1 所剩无几。有的人甚至不食用配菜，只食用白米饭。事实上，在将军或者富裕家庭的餐桌上，鱼类和蔬菜并不少见。

美国东印度舰队司令佩里强行驶入浦贺港，逼迫日本"打开国门"是在 1853 年。那一年，第十三代将军德川家定就患有脚气病。在国家危难的时刻，领导人却因为备受脚气病折磨而无法发挥领导作用。他的继任者德川家茂也不幸患上脚气病，在还未实现挽救国家于水火的壮志前，于 21 岁因病去世。

当时的日本接连损失两位将军，就连幕府内阁中也没有几个身体健康的人了。德川幕府政权因而彻底陷入被动的局面，失去了与时代抗争的力量。

对德川幕府政权发起挑战的是萨摩和长洲的地方下等武士阶层。萨摩武士主要食用富含维生素 B_1 的红薯，长洲武士主要食用维生素丰富的杂粮。他们在饮食上并不精贵，所以不会患上脚气病等富贵疾病，拥有幕府难以想象的旺盛的健康活力。

第十五任将军德川庆喜因为喜爱猪肉料理而不受脚气病的困扰，但以他一人的健康之躯也难敌萨摩和长洲地区众多健康武士的强大攻势。德川幕府的时代走向了终结。

面包篇

面包产量对古罗马皇帝得民心的重要性

与东亚人民酷爱食用大米的习惯不同，欧亚大陆西部的人们更喜欢食用小麦。这段历史我们要从古罗马开始说起了。

对古罗马市民来说，面包是不可缺少的食物。现在的欧洲人以肉食为主，而古代欧洲人的饮食习惯更接近如今的日本人，是比较偏杂食性的。虽然他们也时常食用肉类和蔬菜，但作为主食的面包是顿顿不能少的。

对罗马帝国的皇帝来说，最重要的任务除了带领军队取得战争的胜利，就是不断地给市民提供面包和各种表演节目。如果面包的供给出现问题，那么皇帝就可能不被人们支持了。

仅仅依靠意大利半岛的小麦产量，是不足以养活庞大的罗马帝国的，所以古罗马帝国将北非地区作为自己的粮仓。当时的北非地区物产富饶，每年可以提供大量的小麦供罗马人食用，说古代罗马是依靠着北非的小麦才能存在也并不为过。

　　说到底，罗马人真正在意的并不是小麦，而是小麦制成的白面包。在当时，除了白面包还有大量大麦制成的黑面包，但罗马人不喜欢黑面包干巴巴的口感，甚至说有点厌恶黑面包。因此罗马军团惩罚士兵的手段之一，就是让他们食用大麦制成的黑面包。

日耳曼人的入侵
使面包变成了"奢侈品"

公元四世纪开始，日耳曼人入侵罗马帝国，彻底改变了当地人食用面包的习惯。从那时起，小麦制成的面包变成了一种奢侈品。

致使罗马帝国覆灭的日耳曼人原本是游牧民族，以肉食为主，对面包没有什么兴趣，因此他们可以毫不在意地破坏小麦耕地。荒废的田地渐渐会长满杂草，变成天然的牧场，日耳曼人就可以把这些天然牧场作为家畜的饲料来源地使用，根本不在意以前种植在这里的小麦是否能继续生长。

但随着日耳曼人的生活区域逐渐稳定，他们也发现能提供放牧的土地终归是有限的，靠着有限的牧场是饲养不出足够所有人食用的牲畜的。在这个过程中，日耳曼人逐渐改变了对面包的看法，可惜一切都回不去了。

换句话说，小麦的耕作地已经大幅减少了。不仅如此，阿尔卑斯山脉以北的地区小麦产量本来就不算太高，种种原因又导致当时的面包原材料也发生改变——主要材料变成了大麦、燕麦和黑麦。

大麦和黑麦都可以在寒冷的气候下生长。在罗马帝国覆灭后，中世纪时期西欧地区的人口开始慢慢增长。那时西欧地区的人们就把用燕麦、黑麦和大麦制成的粗粮面包当作日常的主要食物。这也是因为在当时食用用小麦制成的白面包是一件很奢侈的事。如今，大麦和黑麦面包深受美食家欢迎。但在欧洲中世纪时期，大麦和黑麦面包因为其干瘪苦涩的口感，并不受人们喜爱。一直到现代，在欧洲最受欢迎的仍是小麦制成的白面包。

小麦富含谷蛋白。谷蛋白是一种蛋白质的复合体，它可以使面包坯子拥有更好的延展性，更能使成型的面包变得松软可口。虽然大麦和黑麦也含有谷蛋白，但其含量远远不及小麦。因此大麦和黑麦制成的面包不像小麦制成的面包那么受人们欢迎。

可是小麦的产量并不高，特别是在寒冷的地区，产量更会大打折扣。农民因为很难得到小麦制成的白面包，所以不得不食用大麦和黑麦制成的面包。

就这样，小麦制成的白面包成了封建贵族和神职人员等特权阶级的专供品。农民只好食用黑色或者褐色的粗粮面包。换句话说，在欧洲可以通过一个人食用的面包颜色，来判断他的身份和地位。

在法国，食用黑麦制成的面包，就意味着自己的社会地位下降。同时，为了吃上白面包而成为神职人员的也不在少数。

十九世纪前，
欧洲平民对面包极度依赖

现代欧洲人可以大口地享用蔬菜沙拉和各种肉类，并且有充足的马铃薯可以填饱肚子中剩余的空间。虽然欧洲的餐厅也会给客人提供面包，但食客们要么一点都不吃，要么只食用一小部分。鉴于欧洲人对面包如此低的依赖度，我们完全可以说欧洲饮食文化里"主食"的概念已经荡然无存了。

实际上到十九世纪为止，面包都是欧洲人餐桌上必不可少的食物。虽然欧洲人拥有喜爱肉食的日耳曼人血统，但欧洲为数不多的森林和牧场无法提供足够食用的肉类，欧洲人不得不习惯食用面包。

中世纪初期，因为人口较少，当时的农民也可以时不时地享用美味的肉食。但随着时间的流逝，农业改革的进行，欧洲人口慢慢增多。为数不多的肉类变成了人们争相抢夺的宝贵资源，最终自然是被统治阶级大量占有了。

农民只能在大型节日，或者家中有牲畜没能熬过冬天而被冻死的时候才有机会享用肉食。对大多数人来说，日常的食物只有面包。

中世纪时期的欧洲居民每人每天平均可以食用1千克的面包，而在困难时期，这个数字会缩减到400克。而且食用的还不是小麦制成的白面包。

《时祷书》所描绘的中世纪时期的烤面包师傅形象

这种过分依赖面包的饮食习惯和明治时期日本人依赖大米的饮食习惯如出一辙。在室町时期，武士阶层每人每天可以食用半升大米；到了江户时代，也有类似的一日半升米的规定。大多数农民是以食用杂粮为主的。看来无论是日本人还是欧洲人，都有过一段依赖单一营养源而过活的时期。

欧洲中世纪时期的面包应该也不是什么很美味的食物。刚刚烤好的面包确实很美味，但考虑到每次用于烤制的燃料有限，每天都吃新鲜出炉的面包是不现实的。因此人们有时不得不食用两周或三周前烤好的早已经变得干硬的面包。

放久了的面包会失去水分而变得干瘪，如果不把它放入水中，根本无法下咽。因为当时还没有带甜味的咖啡和红茶，所以人们只好把面包泡到葡萄酒或啤酒中食用。

欧洲中世纪人们对面包的依赖也极大地危害了他们的健康，如同江户时期的日本人偏爱大米饭而患上脚气病一样。欧洲中世纪的人们过度依赖面包，导致体内所需的维生素不足，人们很容易患有皮肤病、眼病以及佝偻病。北欧地区的人们还会因为缺少维生素 C 而患上败血症。

欧洲中世纪时期也是瘟疫最猖獗的时代，其中也有过度依赖面包而导致营养不均衡的原因。

欧洲人对面包的过分依赖即使在中世纪以后也未发生改变。在十八世纪到十九世纪的法国，每人每天平均食用 1 千克的面包。而那时，他们已经通过大航海的掠夺，获得了很多战利品。

让欧洲人彻底摆脱对面包的依赖的是石油、煤炭等能源带来的经济快速发展和经济全球化。肉类产业的规模扩大，让一般市民也可以像过去的王公贵族一样随心所欲地食用肉类。1950 年的法国，人们每天食用的面包已经减少到了 500 克；到了 1980 年，这个数字减少到了 160 克。

　　对日本的普通人来说，能去法国旅行已经是二十世纪八十年代的事了。日本人对法国人不食用主食的饮食习惯感到惊讶，但是早两个世纪来到法国的话，他们就不会感到惊讶了吧。另外，日本人也因为受到肉食文化的影响，摆脱了对米饭的严重依赖。

美洲大陆：
玉米极强的适应力为土著带去繁荣

　　提起玉米，日本人的第一印象就是下酒菜了。无论是做成爆米花让人过嘴瘾，还是熬成玉米汤顺肠胃，抑或是当作煎牛排的配菜，玉米不管怎么吃都很美味。虽然也有人认为玉米只是家畜的饲料，但从世界人民的角度来看，玉米都是不折不扣的一种主食。

　　玉米只要经过简单的烹煮或者火烤就可以拿来吃了，磨成粉做成像饺子皮一样的墨西哥卷饼也是一种不错的吃法。

　　而说到曾经靠着玉米走向强大繁荣的国家，就非中南美洲的玛雅文明、阿兹特克文明和印加文明莫属了。

　　据说玉米的原产地是墨西哥的中部地区。在借由大航海路线传播至欧亚大陆以前，玉米是只在南北美洲才能吃到的特别食物，也是美洲大陆原住民印第安人的主要粮食之一。

　　至于阿兹特克文明与印加文明当时究竟拥有多么庞大

的财富，我们也只能通过哥伦布之后到访美洲的西班牙人的描述来猜想了。据说当时中南美洲的阿兹特克王国和印加王国都拥有庞大的人口，尽管如此，他们的街道上却连一个行乞的穷人都看不到。

当时阿兹特克王国的首都特诺奇蒂特兰拥有 20 万以上的人口，而在十六世纪初期的欧洲根本找不到一座人口超过 20 万的城市。由此可见，当时的中南美洲远比欧洲富足。

而这富足的根本原因就是玉米了。玉米和马铃薯都是美洲原住民最基础的食物来源。玉米不但在种植难度上比小麦低得多，而且因为适应力强，在小麦不能存活的地区依然可以茁壮成长。而正是依靠这些玉米，中南美洲各国才能养活数量如此庞大的人口。也可以说，当时美洲和欧洲的贫富差距就是拜小麦和玉米的差距所赐。

南美洲的印第安人深受玉米的恩惠，还在神话故事中讴歌玉米的伟大。在玛雅文明的传说中，人们将玉米视为神明的恩赐，甚至认为人类就是神明用玉米做成的。

英国殖民者：
因原住民的玉米，摆脱被饿死的命运

  玉米与美利坚合众国的成立也有着千丝万缕的联系。在大航海时代开启之后，最早在新大陆开始殖民活动的是西班牙人。而在殖民浪潮中没有抢占先机的英格兰人虽然也想扩充海外殖民地，但是迟迟没有取得好的进展。这主要是因为西班牙人已经把气候温暖宜人的地区牢牢控制住了，留给英格兰人的只剩下北方那片寒冷的土地。

  对英国人而言，无论是选择弗吉尼亚还是普利茅斯作为殖民地，都会面临食物不足的严峻问题，连能不能熬过一个冬天都是未知数。这种局面下，作为原住民的印第安人竟然向英格兰人伸出了援助之手。他们不但赠予殖民者玉米，还传授给他们玉米的种植及食用方法。其实对一般的印第安人来说，日常的食物来源大多是采集来的果子或狩猎获取的肉类。但玉米是个例外，它是印第安人唯一会种植的农作物。

  多亏了印第安人馈赠的玉米，英格兰的殖民者才改变了或许会被饿死的命运。但在那之后，英格兰人为了保障自己的土地，竟向自己的救命恩人伸出了魔爪。他们不但抢夺原住民的土地，更为了永绝后患而残忍地屠杀他们。虽说历史是不存在"如果"的，但假设印第安人当初没有把玉米的秘密告诉给英格兰人，那一切又会变成什么样呢？英格兰人殖民北美的计划可能会放缓，甚至被迫放弃也说不定。那么最终，由这批英格兰殖民者后裔所领导的美利坚合众国可能也不会成功独立并建国。

正在播撒玉米种子的佛罗里达原住民

虽然英格兰殖民者被玉米挽救了性命，可他们对玉米并没有感情。不只是他们，大多数欧洲人都对玉米没有什么想法。玉米虽然也通过西班牙航海家传入了欧洲，但并没有像马铃薯那样掀起轩然大波。

欧洲人普遍不喜欢玉米是因为玉米中不含谷蛋白，无法加工成面包。就像前文介绍的那样，谷蛋白让面包坯子更具延展性，能让成品面包松软可口。小麦、黑麦甚至大麦都是因为含有谷蛋白而被当作面包原材料的。

人类在吃的问题上其实是十分保守的。虽然当时的人们常常与饥饿为伴，但喜爱面包的欧洲人仍然对玉米提不起兴趣。对大多数欧洲人来说，玉米最多只能被当作家畜的饲料。

在之前提到的爱尔兰马铃薯危机中，灾民们依旧看不起玉米。其实当时的伦敦政府也向受灾地区提供了一些玉米作为应急粮食，但爱尔兰人似乎并不领情。哪怕是快要因饥饿而死，他们也仍对玉米抱有偏见。

巴尔干半岛：
因种植玉米而获得部分独立

虽然绝大多数欧洲人不喜欢玉米，但还是有一部分人接受了玉米，并将其作为自己的日常食物之一。比较有代表性的就是居住在巴尔干半岛的人们了。

在奥斯曼帝国统治巴尔干半岛时期，玉米也悄悄传入了那里。十八世纪以后，居住在山地地区的基督教徒接受了玉米，并开始种植栽培。直到今天，罗马尼亚和克罗地亚的人们仍然保有食用玉米粉做成的粥的习惯。

奥斯曼帝国的统治原本很难染指巴尔干半岛的山丘地区，而且奥斯曼帝国已经满足于占领和控制平原地区了，对有可能藏有游击战士的山丘地区根本提不起兴趣。就是这种看起来荒无人烟的山丘地带在大量种植栽培玉米之后，也渐渐聚集了一群反对奥斯曼帝国统治的人。

玉米比小麦、大麦等拥有更丰富的营养和更充足的热量，可以养活更多的人口。就这样，巴尔干半岛的山丘地带成了脱离奥斯曼帝国控制的独立区域。

就在同一时期，奥斯曼帝国因为在和俄国的战争中屡战屡败，渐渐失去了作为统治者的权威。而因为种植玉米而获得部分独立的巴尔干半岛地区，逐渐兴起了一场反奥斯曼帝国的民族主义运动。

巴尔干半岛是个多民族地区。奥斯曼帝国虽然一度压制了巴尔干半岛地区的民族主义情绪的爆发，但最终还是被独立地区的人们找到了突破口。

十九世纪，在巴尔干半岛兴起的独立运动带来了一次次战乱，在与奥斯曼帝国持续不断的斗争之后，巴尔干半岛又陷入了内部战争之中。这既是第一次世界大战的导火索，也为后来巴尔干半岛悲惨的内战埋下伏笔。

同时，玉米的传播范围也从意大利北部扩展到了中部地区，当地流行起了食用炖玉米碴和玉米面包。炖玉米碴是用玉米磨成的粉制作成的粥状物，与巴尔干半岛地区的玉米粥有着异曲同工之妙。直到现在，炖玉米碴仍是意大利的传统美食之一，时不时地替代意大利面作为主食被摆上餐桌。而玉米面包是由玉米粉和小麦粉混合制作而成的，它具有其他面包没有的甜糯口感。

中国清王朝：
玉米或为人口爆发式增长的原因

在欧洲一度不受人们欢迎的玉米，在世界上其他地区可是备受人们喜爱。特别是对中国来说，玉米有可能是其人口爆发式增长的一个重要原因。

人们普遍认为是土耳其人或者欧洲人把玉米传入中国的。不管是谁传进来的，当时的中国人民很快就发现了玉米的优点。

当时中国江南地区的水稻种植技术已经十分发达，可以说那时的中国人基本上是能解决温饱问题的。但充满智慧的农民在无法进行水稻种植的山上大规模种起了玉米。

中国人口大规模爆发增长是在十八世纪之后。康熙皇帝尚在位的十八世纪二十年代，中国的人口突破了1亿大关。这也是中国人口爆发式增长的开始。

康熙帝之后，清帝国又迎来了雍正和乾隆两位皇帝。在他们的统治下，人口增加了三倍有余。到十八世纪末期，中国的人口已经超过了3亿。

　　中国人口在十八世纪呈现爆发式增长的原因到现在还没有定论，有学者认为是因为"清政府的统治带来了和平"，也有学者认为可能是"玉米和红薯的传入让一般市民可获取的营养更丰富了"。

红薯篇

德川幕府
将红薯定为紧急救援食物

十八世纪中国人口的爆发式增长和玉米脱不开关系。也有部分观点认为，红薯同样发挥了重要作用。

红薯是原产于中南美洲的一种植物，先是通过西班牙人传播到了菲律宾，后来又传入了中国福建省。机智的中国人不但发现了玉米的好，也看出了红薯的优秀之处。于是原本无法进行水稻种植的山地斜面，也可以被有效利用于种植玉米和红薯了。光照好的地区种植玉米，山的阴面又可以种植红薯。这样一来，中国人的主食除了米和麦以外，又多了几种作物。这种食用多种食物的饮食文化渐渐转化为人口增长的原动力之一。

后来红薯由中国传播到了琉球地区，又在江户时期经由琉球流入了九州的萨摩地区，并最终扩散到整个西日本。其中对红薯利用得最彻底的就是萨摩藩地区了。鹿儿岛的白沙台地是由樱岛火山爆发后喷发的火山灰形成的，并不适合种植水稻。因此在很长一段时间，萨摩地区的居民都有食物不足的烦恼，萨摩地区的经济也十分落后。

　　好在这时红薯出现了。红薯可以在水稻难以存活的白沙台地上种植。从那时起，困扰萨摩地区居民多年的食物不足问题终于得到解决。而萨摩地区也成为幕府末期推动变革的重要地带。

　　在那之后对红薯产生极大兴趣的是德川幕府。十八世纪前期，在第八代将军德川吉宗在位期间，青木昆阳从萨摩地区得到了红薯的种子，并在小石川皇家药材园种植成功。德川幕府便开始将红薯定为紧急救援食物，并在关东地区大力奖赏种植红薯的人。最开始被移植到千叶地区的红薯，经历一番波折后又被移植到了埼玉县的川越地区。第十任将军德川家治甚至特意给当地的红薯赐名为"川越芋"。

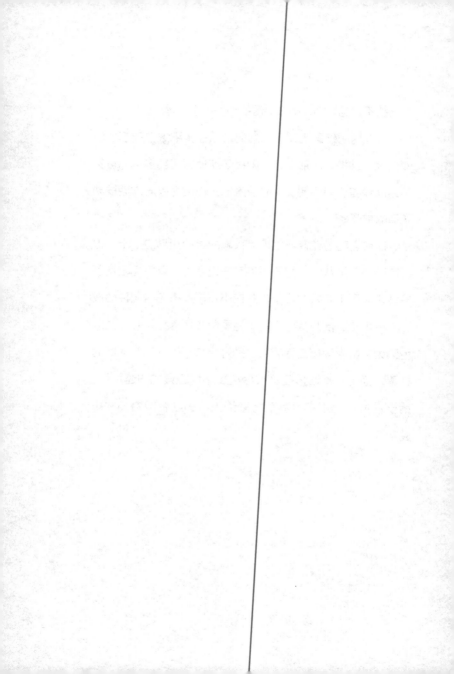

辑二

肉：孕育了『禁忌』，决定了历史上的成败

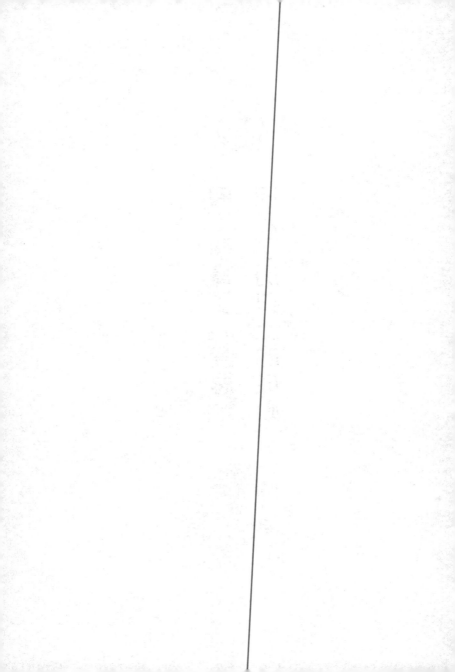

欧洲人吃肉

对现在世界上的大多数人来说，肉类是不可缺少的美食。就算没有鱼吃，只要能吃到肉就满足的人也不在少数。的确，食用肉类获得的快感是食用谷物所不能比的。肉食还能让人长得更高大，身体更强壮。日本人平均体型的增大还是在二战之后普及了肉类才得以实现的。食肉行为其实也一直影响着世界历史的进程。

纵观世界史，喜欢吃肉的民族总是更容易成为侵略者和征服者。

一、日耳曼人

古罗马帝国征服了地中海地区后，翻过阿尔卑斯山，发动了与日耳曼人的战争。在那场战争中，日耳曼人的作战部队虽然人数不多，却让之前所向无敌的罗马军队吃尽苦头。

罗马人是杂食性饮食习惯。虽然他们日常也会食用肉和蔬菜，但所摄入食物中比例最大的仍然是面包。罗马士兵每天可以得到大约 1 千克的面包，这是他们最重要的能量来源。

日耳曼人更喜欢食用肉食。他们崇拜肉食，甚至深信肉食可以给他们带来非凡的力量。日耳曼人的居住地附近有大片森林，森林中又生活着大量鸟兽。日耳曼人进行狩猎，并通过食用它们的肉来强健自己的体魄。如果单挑的话，日耳曼人有压倒性优势。罗马军团十分擅长集团军作战，但有时也会因为日耳曼人的协力进攻而大乱阵脚。

在罗马帝国末期，统治者也效仿日耳曼人大力推崇肉食。但调配大量的肉类十分困难，通过肉类来养活大群士兵是不现实的，士兵们只好继续食用面包。如果面包的供给也出现了问题，那么罗马军团就不攻自破了。就这样，杂食性的罗马帝国被肉食性的日耳曼人击垮了。

二、英格兰人

1066 年，法国诺曼底地区的吉约姆二世成功登上英格兰本土。他的军队在黑斯廷斯战役中击败了哈罗德二世的军队。随后吉约姆二世以威廉一世的名义登上王位，建立了诺曼王朝。该事件在历史上被称为"诺曼征服英格兰事件"。

威廉一世在统治英格兰的过程中制定了《森林法》，他要求英格兰岛上的一般居民不得擅自进入森林。该法令是为保护野生动物而设立的法律，对于鹿类的保护格外严格。那些私自猎杀鹿的人要接受摘除眼球的严厉惩罚。

但是制定《森林法》的真正目的并不是保护自然环境，而是让威廉一世和他的拥护者们可以独享森林中的肉类。法令规定，能在森林中狩猎的只有国王和各个地方的领主。这些人把森林占为己有，将林中的小鹿与野猪当作只有自己有权狩猎的猎物。

对他们来说，鹿肉是填饱肚子不可或缺的美味，因此他们也不希望鹿肉出现在一般市民的餐桌上。在这之后，英格兰普通居民每年可食用的肉类数量变得少之又少，能食用的仅仅是小型动物或者鸟类，再有就是自己饲养的牲畜了。

这种针对肉食的差别化对待正是为了强化自己的统治地位。国王和领主阶层可以自由自在地享用肉类，强健体魄，而普通居民的身体却逐渐衰弱。拥有充沛体力的国王和领主阶层可以随心所欲地挥舞武器，而农民却无从抵抗。只要看到贵族们强健的体魄，农民们就会失去反抗的想法。这样，国王的统治地位得到了巩固，而肉食的差别也区分出了社会的不同阶层。

亚洲人吃肉

一、中国

进入中世纪以来，食肉曾经短暂地成为一种禁忌行为，这是因为佛教传播到了中国、朝鲜半岛和日本。佛教的教义是不赞同杀生的。从南北朝到隋唐时期，佛教都是地位极高的宗教，但在宋代之后，朱子学的兴起让佛教失去了昔日的光彩。同时因为游牧民族侵扰的影响，肉食行为在中国大陆并没有消失。

最典型的是蒙古高原的游牧民族。他们时而侵扰中原王朝，时而击垮中原封建王朝的统治，甚至一度取而代之。

蒙古高原游牧民族的力量源泉是羊肉。气候偏冷的草原地带是不适合种植小麦等农作物的，对生活在草原上的游牧民族来说，想食用谷物几乎是不可能的，唯一的办法就是南下掠夺。而更多时候，代替谷物，作为游牧民族主要能量来源的就是羊肉。

游牧民族最重要的工作非放牧莫属。羊和牛有吃不完的牧草，它们既能产奶，又可以作为肉类供人们食用。其中有一种无须杀死即可获得肉的羊，一种被称为"脂尾羊"的尾部十分肥大的羊。为了在极寒地区生存，必须储存身体里过剩的能量。把多余的能量转化为脂肪储存在尾部，是这些羊尾部肥大的原因。这其实和骆驼的驼峰有着相似的作用。脂尾羊肥大的尾部如果过度生长的话，有时甚至会长到不用小推车推动，这些羊就会无法移动的地步。这时游牧民族就会把脂尾羊的尾巴切掉来食用。脂尾羊尾部的肉不但柔软可口，而且营养价值高，十分有利于人体消化吸收。

在没有柴薪的草原上生火烤肉可不是一件容易的事情，一般来说人们将家畜的粪便作为燃料。草原上的游牧民族还有一种加工肉类的方法，就是骑马时把肉放到马背和马鞍之间。之后马只要移动，肉就会不断受到马鞍的挤压发生摩擦，并且会吸收马分泌出来的汗液。经过这样加工的肉不但变得更加柔软，甚至可以在未经烹调的状态下直接生吃。

在游牧民族依靠肉类强健体能的同时，中原地区的人们还保持着杂食习惯。他们虽然也食用肉和鱼，但数量远比不上各种谷物杂粮。面对以肉食获取巨大能量的游牧民族，古代中原封建王朝在单兵作战的战斗力上仍然长期处于劣势。

二、日本

对肉食行为禁止最严苛的是日本。这是因为日本人长期信仰佛教，不单是统治阶层，就连一般的市民也大多自发信仰佛教。

七世纪，天武天皇第一次颁布禁止食用肉类的命令之后，统治者不定期地出台禁止食用肉类的规定。虽然一开始民众还会偷偷地吃肉，但随着佛教从贵族阶层传播到民众之间，大多数日本人开始发自内心地厌恶食肉行为。佛教的轮回思想认为，如果谁吃掉了动物，那么他在死后转生投胎时，就会转生成他吃掉的那种生物，经历一遍同样的痛苦。民众因恐惧而逐渐开始自发地拒绝吃肉了。

而唯一能无视这种禁忌，继续吃肉的就是武士阶层了。这是因为武士并不认同贵族们的"常识"，所以就算受到贵族们的口诛笔伐，武士也能心安理得地大口吃肉。

在中世纪时期，武士们常常在深山狩猎，他们还有一

种通过与鹰配合一起进行狩猎的模式。狩猎也被武士们当作真正作战前的小练习，同时还可以获得鹿、猪、野兔等优质的猎物。武士会把猎物杀死，用来填饱自己的肚子。

镰仓时期的武士集团大多还是认为携带谷物为主的粗粮比较好。他们之

《名所江户百景》所描绘的猪肉料理店

所以没有屈服于京都的贵族，就是因为他们拥有超强的战斗力。而这种战斗力就是食肉带来的身强体健。

最开始京都的政府也会用鹰进行狩猎活动。在当时，狩猎甚至是只有天皇和有权力的贵族才能进行的活动。学者普遍认为那个时期的天皇和贵族还是吃肉的。当鹰猎成为武士阶层的爱好时，武士就和肉食行为有了千丝万缕的联系。

到了室町时期，肉就变成了大名阶层宴席上的必备之物。后文中也会描述，他们虽然喜欢喝茶，但是在喝茶前

会先边吃鱼和肉边大口地饮酒。

野生动物毕竟数量有限。日本以前并没有大规模饲养食用型的牲畜，所以在江户时代结束以前，日本的肉食主义者是少数群体。

到了明治时期佛教的拘束被彻底解开后，日本人才真正脱离了肉食禁忌的控制，知道了肉的美味，从此一发不可收拾地爱上了吃肉。

猪肉篇

中国人养猪与欧洲人养猪

在日本，猪肉可以被用来制作猪排饭、炸猪排和生姜炒肉等颇受人们喜爱的美食。而喜爱猪肉的不仅仅是日本人，在世界范围内，除了因宗教而不食用猪肉的伊斯兰人及约旦人以外，其他地区的人大多都会食用猪肉。

猪肉和牛肉有所不同，在很早以前就是可供人们食用的肉类。话说回来，猪对人类来说好像除了食用以外也找不到其他的用途了。

被驯化为家畜的动物会在各方面为人类的生存提供帮助，比如牛，既能帮助人们耕地，也能生产出牛奶供人们饮用；再比如马，既可以进行劳作，又可作为交通工具；再比如鸡可以提供鸡蛋，羊可以提供羊毛。

这些重要的动物是不可以被轻易杀掉的，因此它们的肉并不是随随便便就可以吃到。与此相对，猪在人类的生产活动中提供不了什么帮助，所以早早地就被人类端上了餐桌。

不仅如此，饲养猪也很简单。猪是连排泄物都可以吃下去的不挑食的动物，所以猪在约旦教和伊斯兰教教徒的眼中是十分不洁的生物，它的肉根本无法下咽。不过猪不管吃什么都能很快成长倒是说得没错。如果在农村，只要把猪放到林子里散养，让它自己寻找橡果栗子来当食物，那么就可以近乎零成本地饲养一头猪了。因此对欧洲中世纪的农民来说，猪肉是宝贵的蛋白质来源。

在欧洲中世纪时期，不只是农村人，就连城市居民都会饲养猪。猪的主要食物来源除了剩菜根以外就是人类的排泄物了。其实欧洲中世纪城市的居住环境之恶劣是现代人根本无法想象的。大街上堆满了各家各户的垃圾和排泄物。把猪散养到街道上，猪就会自发地"清理"那些垃圾了。因此对那时的人们来说，猪不单是重要的食物来源，也是城市垃圾的清扫员。

欧洲人会在春天到秋天饲养猪，到了冬天将其宰杀食用。因为到了冬天猪就会失去食物来源慢慢饿死。在猪饿死之前，趁着猪还肥硕的时候将其宰杀是最合适的了。同时，吃不完的猪肉还可以通过腌制的手法长期保存，帮助人们扛过寒冷的冬天。欧洲的火腿和香肠产业发达也有这个原因吧。

中国人饲养猪比欧洲人更有效率。有一种猪圈会和人类的厕所盖到一起。简单来说，就是在猪圈上盖厕所。人的排泄物落到猪圈里就成为猪的饲料了，虽然人们也会给猪吃剩菜叶之类的食物。

猪也被称为"豚"，豚这个汉字的偏旁是豕。如果在"豕"上加一个象征房屋的宝盖头，就变成了"家"。通过这个汉字不难看出，中国人在很早以前就通过让猪食用人类的排泄物来饲养肉猪了。

东汉时期猪圈型厕所的模型

猪肉的普及竟得益于
马铃薯种植技术的广泛传播

最先被酷爱面包的欧洲人当作肉食来源的是猪。与猪肉的普及密不可分的是马铃薯种植技术的传播。

之前已经讲过了，欧洲的马铃薯种植业在十八世纪前后开始被大规模推广，随着拿破仑战争的影响又进一步扩大了传播范围。在欧洲居民开始靠着马铃薯填饱肚子之后，有幸享用马铃薯的就是猪了。欧洲的农民会把多余的马铃薯拿去喂猪。猪是杂食性动物，几乎什么都吃，所以吃马铃薯也是自然而然的事情。如果马铃薯储存得比较好的话，就算到了冬天也可以给猪提供充足的饲料，于是欧洲人不必像从前那样一过秋天就不得不把猪杀掉了。

不仅如此，猪肉和马铃薯也是绝佳的菜品组合。猪肉、火腿或者香肠，只要加上马铃薯，不论是炖是烤还是炒，都能变成一道道美味。

十九世纪
意大利独立战争与炸猪排

　　最能代表日本猪肉料理的炸猪排其实并非日本原创。在世界上和炸猪排类似的肉食美食比比皆是，比如奥地利的"维也纳炸肉排"和意大利北部的"米兰风味炸肉排"等。

　　炸猪排的语源是法语的"带脊肉排骨"。"带脊肉排骨"指的是小牛、猪或者羊的背部的里脊肉，在英语里被称为"吉列肉排"。法国的烹制方法是把里脊肉用小麦粉、面包粉和蛋黄包裹后，再用黄油把两面煎熟。这道菜传入日本以后就逐渐演变成了今天的"炸猪排"。

　　无论是法国的"带脊肉排骨"，还是奥地利的"维也纳炸肉排"，抑或是意大利北部的"米兰风味炸肉排"，它们都不是用猪肉制成的。维也纳炸肉排和米兰风味炸肉排都是用小牛肉制成的。

　　维也纳炸猪排在普通的小餐厅普及之后，逐渐演变出了多种版本以满足不同口味的人的需求。这道菜最近也重新在德国的餐厅出现，味道也在原来的基础上做了些许调整，添加了秘制的酱料，并且更名为"耶格炸肉排"。

维也纳炸肉排是去了奥地利就一定要吃的特色菜。但是追根溯源，其实维也纳炸肉排也是由米兰风味炸肉排改良而来的。这就不得不提到奥地利帝国占领意大利的那段历史了。

十九世纪前期的意大利并不是统一的主权国家，而是处于四分五裂的状态。统治意大利北部的正是奥地利帝国。虽然在意大利内部出现了独立统一的趋势，但奥地利帝国也警觉地发现了这个问题。

1848年，随着法国二月革命的爆发，欧洲大陆掀起了革命浪潮，意大利也借势与奥地利帝国打响了一场谋求独立的战争。奥地利帝国派拉德茨基将军远赴意大利北部镇压。

1849年，拉德茨基在诺瓦拉战役中大败以萨丁尼亚王国为首的意大利反抗军，第一次意大利独立战争以失败告终。为了歌颂拉德茨基大军的千里行军，施特劳斯一世为其编写的《拉德茨基进行曲》成为维也纳新年音乐会的必演曲目之一。

拉德茨基为了继续监视藏匿在意大利北部的敌军，逐渐扩大自己的情报网，甚至连当时流行的美食都成了他观察研究的对象，也就是备受人们喜爱的米兰风味炸肉排。拉德茨基对这种食物很感兴趣，甚至大费周章搞到了制作这道菜的食谱。

米兰风味炸肉排被拉德茨基带回到维也纳的宫廷，并且有了"维也纳炸肉排"这个新名字。

有另一种观点认为，在拉德茨基以前就已经有人将米兰风味炸肉排传到了奥地利帝国。如果是那样的话，也可以理解为奥地利对意大利的统治推动了这种美食的传播。

猪肉厂的商人，美国的山姆大叔

如果要说谁比欧洲人更早地大规模食用猪肉，那么一定是美国人。他们在移民初期虽然确实一贫如洗，但他们将随行的猪"随意"放入广袤的森林中散养，就可以获得大量的猪肉。

在大规模种植玉米之后，多余的玉米也可以当作猪的饲料，因此猪的数量得以快速增长。那时北美洲的居民喜爱食用一种被称为"木桶腌猪肉"的美食，它是把猪肉放进加满盐水的木桶中腌制而成的。在十八世纪后期，与英格兰打响的那场独立战争中，美国士兵也是靠着木桶腌猪肉来获取体力的。

独立之后，1812 年，美国再次与英格兰大战了一场。在这场名为英美战争的战斗中，美国士兵仍是靠着木桶腌猪肉来保持自己的作战力量。从这里，渐渐诞生了美国国家的拟人化形象"山姆大叔"。

山姆大叔的灵感来源是为美国军方提供猪肉的肉厂商

人塞缪尔·威尔逊。他被士兵亲切地称为"山姆大叔"的原因是他运送来的木桶上总会刻着"U.S."的印记。这个"U.S."很明显是美利坚合众国的缩写，但士兵们更愿意把它戏谑为山姆大叔（Uncle Sam）的缩写。从那时起，山姆大叔就和美利坚合众国联系到了一起。之后他的形象也被用来指代美国政府，最终被人们视为美国的国

美国的拟人化形象山姆大叔

家拟人形象。

　　这个拟人化的山姆大叔是一位穿着美国标志性星条旗风格服装的白人。除此之外，他最具标志性的地方就是那顶星星图案的大礼帽和有着红白相间花纹的裤子。

二战盟军的胜利离不开午餐肉

　　说到日本冲绳的特产，就不得不提到名为午餐肉的猪肉罐头。午餐肉原本是美军的军用食品之一，在太平洋战争之后由驻日美军传到了冲绳。

　　午餐肉是由美国的荷美尔肉类公司发明的。最开始午餐肉的名字是香料火腿，但为了让商品的名字更朗朗上口，便改为了午餐肉。

　　午餐肉为第二次世界大战中盟军的胜利做出了巨大的贡献。午餐肉不但造价低廉，还可长期保存，运输起来也十分方便。因此只要有美军驻扎的地方，午餐肉就会被源源不断地运送到那里。

　　午餐肉说不上很好吃，而且还十分容易吃腻，但作为一种提供营养与能量的食物它是十分合格的。美军士兵每天通过食用两次午餐肉补充身体所需的全部能量，这帮助他们斗志昂扬，最终取得了胜利。

　　与之相对，日本士兵在战争后期经常食不果腹。一边是顿顿有午餐肉的强壮美军，一边是有上顿没下顿的饥饿日军，孰优孰劣自不必说了。

在第二次世界大战中，午餐肉的产量远远高于美军士兵的需求量，因此有大量的午餐肉被送往苏联和英国。午餐肉也成了同德军长期激战的苏联士兵的坚强后盾。苏联领导人赫鲁晓夫曾经在回忆录里说道："如果没有午餐肉的帮助，当时的我们很难支撑起如此庞大的军队数量。"

现代，除了美国人，食用午餐肉最多的就是韩国人了。自1950年美国参与了朝鲜战争以来，午餐肉就深深地扎根在韩国的饮食文化里。韩国有一种名为部队锅的火锅料理，主要是用午餐肉、火腿、蔬菜和方便面一起炖煮的大锅炖菜，这道菜在韩国深受民众的喜爱。

在夏威夷地区，当时十分流行一种叫午餐肉饭团的美食。这是由日裔美国人发明的，是一种将煎过的午餐肉肉片和饭团结合的食物。

牛肉篇

十九世纪后期，牛肉才在欧洲普及

　　说到肉食之王，那肯定非牛肉莫属了。牛排、烤牛肉以及寿喜烧都是在美食界有一席之地的高级美食。对日本人来说，牛肉盖饭更是一道日常生活中不可缺少的国民级美食。

　　其实人类食用牛肉的历史并不悠久。除了英国，欧洲其他国家直到十九世纪后期才开始频繁地食用牛肉。在法国，牛肉虽然上过王公贵族的餐桌，却很少能出现在寻常百姓家中。

　　在笔者的印象中，中国人不是很偏爱牛肉，因此也不是很了解中国在食用牛肉方面的造诣和历史。而在印度，因为印度教认为牛是神的使者，所以就算印度有大量的牛，他们也不会食用牛肉。

　　欧洲大陆不推崇食用牛肉的重要理由之一，就是欧洲人对牛奶的依赖性。牛奶是可以制成黄油和芝士的重要蛋白质来源。只有牛自然死亡，农民才能吃到牛肉。养牛需要消耗大量的牧草，如果把牛当作肉牛来饲养的话，成本就高得惊人。

十九世纪初期，法国农民应该没有多少人品尝过牛肉的味道。甚至有传言说，拿破仑征服欧洲时，农民出身的士兵甚至不懂得如何将牛解体。为此，身份高贵的军官只好亲自传授士兵拆解牛肉的方法。通过此事不难看出，当时的欧洲只有身份高贵的人才有可能享用牛肉。

牛肉的普及是十九世纪后期的事情。之前我们说过，当时的人们得益于马铃薯种植业的发达，已经基本上告别了挨饿，而吃不完的马铃薯又可以作为猪的饲料，于是猪肉渐渐普及，成了大众化的食物。

在这之后普及的食物就是牛肉了。靠着马铃薯填饱肚子的人们渐渐不再需要大麦和黑麦制成的面包了，大麦和黑麦便被当作牛的饲料。如果保存得当的话，大麦和黑麦可以供牛一年食用。从那时起，欧洲人民终于品尝到了牛肉的美味。

在新大陆，白人殖民者通过掠夺原住民广大的土地而获得了大片农田。在这些农田里可以种满玉米，而玉米又可以喂养大量的牛。加之冷藏保鲜技术发展迅速，使牛肉得以运离新大陆。

　　成功将新大陆的牛肉运往欧洲的就是先进的冷藏运输船。十九世纪后期，得益于冷藏运输船的发明，新大陆的低价牛肉被源源不断地运往欧洲，欧洲居民因而得以随心所欲地享用牛肉。

新教运动后，
牛肉被摆上英国人的餐桌

欧洲人开始大范围食用牛肉的时间可以追溯到十九世纪，但英格兰人其实在很早以前就喜欢上牛肉了。

英格兰的贵族和富人阶层经常随心所欲地享用烤牛肉。他们每周日会烤制大量的牛肉，在饱餐一顿后再把剩余的烤牛肉放凉并保存起来，让自己在本周的剩余6天里也可以时常吃到烤牛肉。

这些能吃上牛肉的英格兰人被人们称为"食牛者"（beefeater），而食牛者同时也是人们对伦敦塔卫兵的爱称，那是因为这些卫兵的薪酬就是用牛肉来代替的。以卫兵军姿做瓶身招贴画的杜松子酒，就是我们常说的比弗特金酒。

英格兰人喜爱牛肉的理由众说纷纭。其中有一种观点认为，英格兰人是因为很早就从天主教的枷锁中解放了出来，才变得如此喜爱牛肉的。欧洲中世纪时期，存在着绝对不可以食用肉类的禁食日。四个节气或者节假日以及基督受难日都是禁食日。虽然禁食日并不是要求人们一口饭都不吃，但就算吃也必须忍到太阳落山以后。在禁食日，肉类是绝对不可以食用的。

十六世纪，欧洲经过路德的宗教改革之后，新教徒的势力渐渐壮大。国王亨利八世因为自身的婚姻问题与罗马教皇产生了分歧，最终脱离了罗马教会，并于 1534 年创立了英格兰国教会。在当时，新教徒不断批判天主教的教条主义，并且大力反对禁食日。英格兰人也因此早早地取消了禁食日，并由国王带头，大量的群众也开始进食肉类，其中就不乏牛肉。

对欧洲人来说，牛肉也是一种信仰。古代日耳曼人认为牛肉有着治愈疾病的能力，而作为他们后裔的欧洲人也一直相信这一点。的确，食用牛肉可以让人迸发出强大的能量，并且也能得到精神上的愉悦，正是这些满足感才造就了牛肉信仰吧。

英格兰人食用牛肉的习惯也与殖民爱尔兰关系密切。特别是十七世纪中期，在清教徒革命（英国内战）中获胜的克伦威尔执掌国家大权以后，就迅速对爱尔兰发动了歼灭战。克伦威尔对信仰天主教的爱尔兰人可以说是毫不留情。在这场奸灭战之后，爱尔兰天主教徒的土地被全部征收，统统变为了新教徒的农耕用地。

英格兰收缴了爱尔兰人的大量谷物，这让英国国内的放牧面积得以扩大，此举在无形之中也推动了牛肉文化的发展。

蒙古人的侵略
将牛肉带到朝鲜

日本风格的烤肉是由在日的朝鲜人发明的。由此可见，朝鲜人对食用牛肉是颇为讲究的。

但朝鲜人并不是从古至今一直都爱吃牛肉的。在十三世纪以前，由于佛教的影响，吃肉是一件禁忌的事情。朝鲜的文化中甚至没有记载将动物解体分离骨肉的技术。他们的烤肉只是单纯地把猪或者羊用绳子捆好直接放到火上烤。如果猪或者羊挣扎得厉害的话，厨师就会用棍棒将其砸晕。

带来巨大变化的是蒙古人的侵略与统治。1206 年，成吉思汗在统一了蒙古各个部族之后便开启了蒙古帝国的大征服计划。蒙古的骑兵也从那时起不断地侵扰朝鲜半岛。13 世纪后期，不堪骚扰的高丽王向蒙古帝国投降，将朝鲜半岛交给蒙古人统治。在那之后的一个世纪里，蒙古的骑兵就驻扎在了朝鲜半岛。他们开始在朝鲜半岛放牧牛羊，当着朝鲜人的面食用牛肉。

在蒙古人统治时期，一些朝鲜人学会了宰牛、解体以及烹饪的方法。从那时起，朝鲜半岛的牛肉饮食文化渐渐发了芽。

肉食文化其实不单单指吃肉，动物的内脏等各个部位都能被充分利用做成食物，这才算得上真正的肉食主义。朝鲜半岛的人们接受了这种肉食文化，在那之后出现了大量内脏料理。

日本人真正推崇肉食主义是明治之后的事情了。传播到日本的肉食主义其实不太完整，这主要是因为受到了日本人原本的食鱼主义的影响。为了防止鱼肉变质，鱼肉料理一般会去除掉所有的内脏。直到朝鲜半岛的烧烤文化传入之前，没有人会想到食用动物内脏。

狗肉篇

亚洲的狗肉文化

在东亚地区，其实有过一段时期的狗肉文化。中国、朝鲜半岛以及日本地区都流行过狗肉火锅。日本由于之前提到过的肉食禁忌问题，导致狗肉并没有特别流行。但在那时的中国和朝鲜半岛，狗肉可算得上一道特别的美食。

在中国古代，狗曾经被当作祭祀时的贡品。就连献上贡品的"献"字都是犬字旁，加上"南"字后，整体描绘的就是向宗庙上贡狗肉的样子。建立汉朝的汉高祖刘邦就是一位狗肉爱好者，他的同乡樊哙在参加起义前就是职业的狗肉屠宰人。不仅如此，被刘邦杀掉的韩信在死前说出了"狡兔死，走狗烹"这样的话，可能是因为当时人们经常食用狗肉吧。

但是到了唐代，食用狗肉的风气就终止了。这主要是由深处中国北方的游牧民族不断地骚扰和侵略导致的。四世纪以后，中国的华北地区出现了大量由北方少数民族建立的小王国，将这些国家统一的北魏也是以鲜卑族为主体的少数民族所建立的政权。

对游牧民族来说，狗是共同狩猎的重要伙伴。哪怕他们吃自己饲养的牛和羊，也不会食用自家的狗。就这样，游牧民族的饮食习惯和禁忌也流入了中原，并改变了人们爱吃狗肉的习惯。

随着十三世纪蒙古帝国占领中国，吃狗肉的习惯也逐渐没了踪影。蒙古人自称是狼的后裔，因此狼是神圣的动物，而与狼同宗的狗自然也是神圣的了。受到蒙古族的影响，在中国大部分地区杀狗吃肉被认为是一件极大的坏事。

食用狗肉的习惯在朝鲜半岛倒是一直沿袭至今。朝鲜半岛虽然也曾屈服于蒙古帝国的统治，但与中国不同的是朝鲜半岛没有被彻底控制。于是朝鲜半岛食用狗肉的习惯也得到了保留，并且被广泛传播。直到 1988 年在首尔举办奥运会才阻止了狗肉文化的进一步传播。

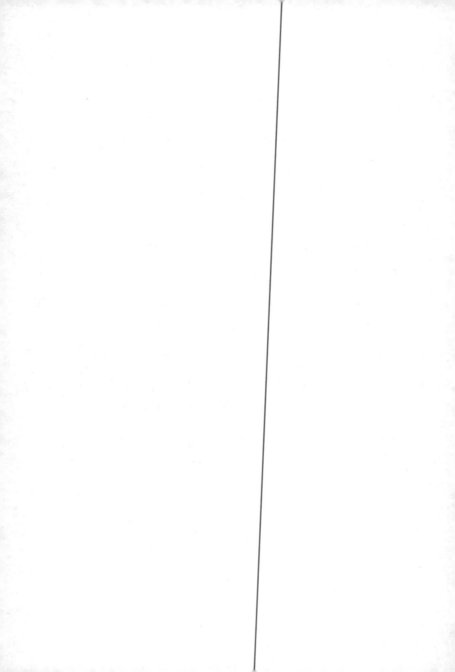

辑三

水产：催发了对外侵略冲动

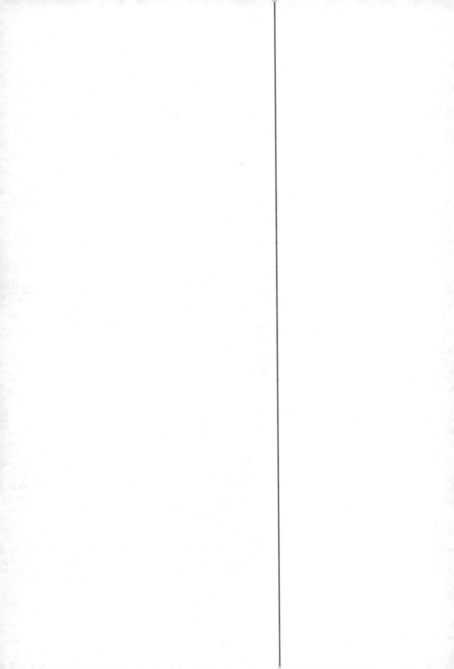

韩国单方面划定"李承晚线"

　　鱼和肉一样，都是人类十分重要的蛋白质来源。虽然人类很早以前就开始有食用鱼和肉的行为，但直到近代人类才真正开始大规模地食用鱼类。

　　在渔业养殖技术尚不发达的古代到中世纪时期，鱼是一种无法稳定获取的食材，因为出海捕鱼的收成并不稳定。如果遇到恶劣的海况，为了安全，整船人很有可能空手而归；如果恶劣气候持续，就很可能面临长期没有收成的局面。只有天气晴好，又赶上鱼的洄游季节，才可能有很好的收成。一旦错过合适的季节，就有可能又要忍受长时间捕不到鱼的痛苦了。哪怕是四面环海的岛国日本，也改变不了这个局面。

　　现在的人们之所以可以稳定地吃到鱼，多亏了机械动力船制造业、捕鱼技术以及冷链技术的进步与发达。机械动力船的诞生，让人们可以去探索之前无法到达的近海地区，帮助人们发现更优秀的渔场，使可捕获鱼的总数与种

辑三

类变得更多。再加上冷链运输业的发展，使人们可以更好地保存鱼并实现长途运输，因此鱼成了和肉类一样的优质蛋白质来源，被端上了各国人民的餐桌。

当越来越多的人发现并了解鱼作为食材的优点之后，为了争夺这些既易发现又能养活许多人的宝贵食材，从二十世纪后期开始，各国之间爆发了数次争夺渔业资源的战争。

在日本海海域附近曾设有一条"李承晚线"，这是韩国单方面设立的主权海域分界线。1952 年，韩国时任总统李承晚一边主张韩国拥有独岛（日本称"竹岛"，该地主权归属至今仍存争议）的领土主权，一边不由分说地单方面划定了"李承晚线"。韩国从那以后就开始派海警船追赶并驱逐进入分界线内的日本渔船。独岛也在"李承晚线"之内。

从国际海洋公约来看，"李承晚线"其实是不合法的。日本政府也没有承认这一主张。尽管如此，韩国还是不断地驱逐或者非法逮捕及拘留在"李承晚线"附近捕鱼的日本船员。

"李承晚线"问题实质上表现出日、韩两国在渔业资源领域的尖锐对立。韩国虽然是三面环海的国家，但韩国人并没有吃鱼的饮食习惯。在被日本侵占的那段时期，部分韩国人发现了鱼肉的鲜美，和平时代机械动力船的发展又让韩国人看到了发展渔业的可能性，于是韩国前总统李承晚为了保障韩国人的肚子不受饿，便开始下令驱逐临近的日本渔船。

韩国第一任总统李承晚在位 12 年左右，而这期间韩国的经济水平并没有得到有效提升。1960 年，韩国人的人均国民生产总值只有大约 80 美元，比当时的朝鲜还要低。李承晚虽然得到了美国的大量援助，可依然无法保证国民不受饥饿的困扰，因此他出台政策大力保障韩国的捕鱼业发展。

当时正是日本解散海军部队并尚未组建海上自卫队的尴尬时期，李承晚瞄准这个机会一举拿下了周边的渔业资源。

小专栏 2

从"禁食日"演变为"吃鱼日"

在日本，和肉类相比，鱼显然是更高级的食材。以怀石料理为例，日本的高级料理多是用鱼制成的，几乎不会用到肉类。在新年进行拍卖的金枪鱼往往能以不可置信的价格被食客拍走，而岛根县宍道湖的特产白鱼，更是能卖到每 100 克 2000~3000 日元的高价。

而在欧洲则刚好相反，肉的地位远高于鱼类。虽然最近几年法国部分高级餐厅也会用鱼来当作主菜的食材，但基本上还是用肉来做主菜的餐厅比较多。这是因为欧洲饮食文化受基督教的影响颇深，而对基督教徒来说，鱼只不过是肉的替代品而已。

之前说过，基督教的世界观里是有"禁食日"存在的。不只是代表耶稣受难日的每周周五，一些节气和节日也会被当作禁食日。虽说是叫禁食日，但其实也不可能什么都不吃，所以这里的禁食日其实也可以理解为禁止吃肉日。除了肉以外，蛋和奶也不允许食用。于是鱼成为肉类的替代品。

事实上，即使在欧洲的内陆地区，当地居民也有吃鱼的习惯。欧洲内陆地区的河流并不湍急，可以捕获大量的鲈鱼和石斑鱼，湖泊地区也可以进行捕捞。法国的内陆城市里昂就有像鱼肉糜奶汁干酪烙菜之类的鱼类特色菜。欧洲的基督教徒在禁食日才不得已食用鱼类。

基督教徒经过一次次禁食日的折磨后，对于肉食的渴望越发强烈，而在禁食日被人们食用的鱼类变得愈发不受重视。特别是对能经常吃到肉的王公贵族来说，不得不吃鱼的日子是十分无趣的。

十六世纪的宗教改革改变了基督教的"吃鱼日"。路德创立的新教否定了过去禁食日的意义，新教教徒终于从吃鱼日中解脱出来。而新教之所以受到人们的欢迎，也许正是因为它对食肉行为的肯定。在这之后，天主教也逐渐废除了禁食日。然而人们看低鱼肉并等而下之的想法根深蒂固，一直延续至今。

辑三

诺曼人：
为了追逐鲱鱼，多次攻击英格兰岛

如果问谁是世界上最先靠鱼类找到生存之道的种族，那一定非维京人莫属了。维京（诺曼）人是生活在斯堪的纳维亚半岛和日德兰半岛附近的居民。他们因为在九世纪之后频繁袭击和侵扰欧洲各国而为人们所熟知。

诺曼人之所以不得不靠着鱼类来寻求出路，是因为冰河期的到来导致土地贫瘠，无法进行耕种。自然而然地，他们不得不加大对畜牧业、狩猎以及捕鱼的投入以保证种族生存。

万幸的是，他们的生活地周边有不少鱼群，那就是鲱鱼。鲱鱼在中世纪时期不单是诺曼人的主要食物，还是居住在北海沿岸、波罗的海沿岸以及大西洋沿岸的人们的重要蛋白质来源。由于鲱鱼鱼群会蜂拥游至沿岸地区，所以想要大量捕获鲱鱼是十分容易的。对诺曼人来说，鲱鱼真的是难得的食物来源了。

有观点认为，诺曼人对于鲱鱼的喜爱和执着最终导致他们大范围地移动并开始侵袭欧洲各国。越智敏之的著作《由"鱼"开始的世界历史》对此观点有详细的介绍说明。诺曼人最先侵扰而且多次攻击英国本岛，为的就是追逐鲱鱼鱼群。

在鲱鱼洄游至斯堪的纳维亚半岛附近时，诺曼人并不会频繁地对英国本岛发起攻击。一旦鲱鱼鱼群远离斯堪的纳维亚半岛，诺曼人就会大举进攻英国本岛。诺曼人所占领定居的区域，都是鲱鱼数量庞大的沿海地区。

诺曼人四处袭击欧洲各国的理由众说纷纭，直到现在也没有定论。有说是因为查理曼大帝的大征服而进行的反抗活动的，也有说是居住在贫瘠土地上的人们为了追求富裕而进行的侵略活动，等等。诺曼人活动的理由很可能不是单一的，而是多种因素混合交织形成的。因此如果众多理由中有追逐鲱鱼鱼群这一点也并不奇怪，诺曼人就是如此喜爱鲱鱼。

腌制鲱鱼：
汉萨同盟和荷兰都富起来了

发现鲱鱼好处的不仅仅是维京人。以吕贝克为首的德国北部城市群之所以能在中世纪发展繁荣，正是因为那里的人有捕捞鲱鱼的习惯。当地居民大力发展的就是腌制鲱鱼。

鲱鱼并不是可以长期存放的鱼类。一旦离水上岸，鲱鱼体内的脂肪就会迅速腐败，变得恶臭无比。如果上岸后抓紧时间做成食物被人吃掉的话倒也没什么问题，但有时也会发生鲱鱼收成极佳，无法一次食用完的情况。这时候，吃不完的鲱鱼就只好制作成可保存的食物供人们以后食用。将离水后的鲱鱼迅速去除内脏，浸入盐水放进木桶密封腌制，这就是腌制鲱鱼的做法。

汉萨同盟城市群正是靠着腌制鲱鱼获得了繁荣。波罗的海对面的吕贝克作为同盟的盟主，吸引来汉堡和不来梅等众多城市的加入，这些城市之间频繁的交易给各地带去了繁荣。而汉萨同盟城市群之间最主流的交易品之一就是

欧洲中世纪时期捕获鲱鱼的情景

腌制鲱鱼。

在吕贝克的南面有一块吕讷堡岩盐的产地。吕贝克就从吕讷堡采购岩盐，腌制鲱鱼，再将腌好的鲱鱼卖到内陆各个城市。

在汉萨同盟城市群诞生的十三世纪，欧洲地区的内陆河流中已经没有多少鱼了。前文虽然说过欧洲内陆地区的河川湖泊里鱼类颇多，人口数量不多时，内陆河川的鱼足以养活当地人，但当人口爆发增长，捕鱼技术升级，经历了疯狂捕捞后，在欧洲内陆河川里已经很难再找到野生的鱼类了。

因为内陆鱼肉的价格疯涨，便宜的腌制鲱鱼在内陆地区就变得更有市场了。

汉萨同盟在十五世纪迎来了自己的巅峰，但从那以后就渐渐衰落了，衰落的原因也与鲱鱼脱不开干系。十六世纪中期，洄游至波罗的海地区的鲱鱼数量突然大量减少，汉萨同盟便失去了最重要的贸易商品。再加上大航海时代的影响，大西洋贸易与亚洲贸易慢慢兴起。汉萨同盟城市群从时代的最中心陨落，渐渐失去了影响力。

取代汉萨同盟地位的是当时北海地区的海上霸主荷兰。而荷兰经济的高速发展也离不开腌制鲱鱼。

荷兰并非等到鲱鱼群自己游到岸边再进行捕捞，而是驱使渔船主动出击，将鲱鱼群赶到一起一网打尽。因此荷兰的渔船可以行驶至远洋进行捕捞活动。

荷兰腌制鲱鱼最具有开创性的改变就是在船上直接进行腌制作业。从十四世纪开始，荷兰的捕鱼人就开始在船上直接去除鲱鱼的内脏，并密封至木桶中进行腌制。这样可以制作出品质极高的腌制鲱鱼。

以往只有在收成极佳的时候，人们才会在岸边进行腌制鲱鱼的作业，但因为鱼数量极多，这个工序十分耗费时间。往往是早上捕到的鱼到下午才能处理完毕，这就意味着那些最后处理的鱼很可能已经腐败变质了。

如果没有注意到变质的鱼，将所有处理完的鱼混合在一起腌制的话，那些坏掉的鱼就会把整桶腌鱼都污染了，最终只能得到一桶品质极差的劣质腌鱼。如果在捕捞到一定量的鱼后迅速开展腌制工作，就能最大限度地避免鱼变质而带来的品质下降。

尽管荷兰曾在一段时期内受到西班牙人的统治，但因为鲱鱼捕捞业，荷兰的经济获得了飞速发展。荷兰最终成功摆脱了西班牙的控制，成为大航海时代的赢家。

日本人也很清楚鲱鱼的价值。在北海道的小樽市就有一处叫鲱鱼神殿的观光胜地。北海道地区曾经有大量鲱鱼蜂拥而至，当时靠捕捞鲱鱼赚得盆满钵满的捕捞业老板所建造的值班房，就成了今天人们所参观的鲱鱼神殿。

值班房既是老板的住所，也是从事捕捞等相关劳动的工作者的住宿设施，更是处理鲱鱼的工作场所。

通过名为《石狩挽歌》的歌谣，人们不难猜想当时的北海道鲱鱼捕捞业究竟多么令人震撼。中西礼作词、北原美丽演唱的这首歌中有一句"吾当举炊，夜亦无眠"，所描绘的正是为了让深夜劳作的鲱鱼加工业工人不饿肚子，需要整晚不间断地烧火做饭的场景。正是因为如此多的鲱鱼涌入北海道附近，当时的渔业相关人员才能在短时间内积累大量财富。

腌制鳕鱼促使大航海时代的到来

鳕鱼和鲱鱼一样在很早以前就是支撑欧洲人饮食的重要鱼类，它们还间接改变了欧洲的历史。比起鲱鱼，鳕鱼的体形更大，味道也更好。

对欧洲人民来说，鲱鱼和鳕鱼都是重要的腌藏食品，但鳕鱼比鲱鱼可保存的时间更久，因此对长时间出海远航的水手来说，腌鳕鱼是再合适不过的食品了。

越智敏之的著作《由"鱼"开始的世界历史》中曾提到，最早把鳕鱼当作易保存食物加工食用的是维京人。出海的维京人所食用的是不用盐腌，直接靠太阳晒干的鳕鱼片。干鳕鱼片保存时间长，最终帮助维京人到达新大陆。

在那之后，人们发明了盐腌鳕鱼，鳕鱼的可保存天数又得到了大幅提升。即使在炎热的热带地区航行，盐腌鳕鱼也不会轻易腐败变质。正是因为有了如此易保存的盐腌鳕鱼，西班牙人和葡萄牙人才能够远渡重洋，开启大航海时代。

马萨诸塞州：
靠鳕鱼捕捞业实现独立自强

英国人十分喜爱食用鳕鱼，即便是来到了新大陆，这个习惯也没有发生改变。

万幸的是，在新大陆周围有非常合适的捕鱼场所。在纽芬兰岛东南沿海地区有一块名为"大浅滩"的大陆架。大浅滩有拉布拉多寒流和墨西哥暖流交汇所形成的潮界，这里也是世界上最著名的捕鱼场所之一，最有名的正是鳕鱼。

靠鳕鱼捕捞业实现独立自强的就是以波士顿为中心的马萨诸塞州殖民地。马萨诸塞州殖民地气候寒冷，不适合进行农业耕作，捕捞鳕鱼成为殖民者的谋生手段。波士顿南部的鳕鱼角就是以鳕鱼的名字来命名的，由此可见鳕鱼角是个多么优秀的捕鱼场所。

马萨诸塞州殖民地的移民们并不只是把鳕鱼当作赖以生存的食物来源，他们还会把晒干的鳕鱼卖往欧洲，并以此获得了不少财富。

从英国而来的移民看中了马萨诸塞州殖民地丰富的鳕鱼资源，当地的人口因此迅速增加。马萨诸塞州州议会的下议院里装饰着的 1.5 米长的鳕鱼木雕，也被称为"神圣的鳕鱼"。

十八世纪后期，美国的独立革命就是以波士顿为中心爆发的。正是鳕鱼捕捞带来的富足才让马萨诸塞州有能力承担起独立战争先驱者的重任。

鳕鱼战争：
英国与冰岛的冲突

二十世纪发生在欧洲的渔业资源争夺被人们称为"鳕鱼战争"，具体指的是冰岛和英国的捕捞权争夺战。

冰岛和英国本土的海域自古就有丰富的鱼类资源，鳕鱼的族群数量尤其惊人。冰岛人和英国人都看上了这片海域的鳕鱼。顺便一提，鳕鱼是英国名菜炸鱼配薯条的主要原料之一。

对冰岛来说，从二十世纪开始，鳕鱼捕捞行业成为冰岛的支柱产业。冰岛的气候过于寒冷，想要发展农业几乎是不可能的；自然资源也十分匮乏，冰岛也没什么其他方法能让当地居民摆脱贫困。直到二十世纪初期，冰岛从英国购买了拖网渔船之后，才拥有了捕捉大量鳕鱼的能力。从此，冰岛靠着向欧洲各国出售鳕鱼逐渐让国家和人民走向了富足。第二次世界大战时期，在大多数国家失去海洋捕捞能力的时候，冰岛靠着美国的庇护，努力捕捞鳕鱼，并以此获得了大量财富。

但是，第二次世界大战结束之后，欧洲各国都恢复了自身的捕捞业。各国的渔船都到这片海域来进行鳕鱼捕捞，冰岛为了保护自己的渔业资源采取了行动。

1958 年，冰岛将自己的领海范围从 4 海里扩大到了 12 海里。到了 1972 年，冰岛更是将自身的专属海洋资源经济区扩大到了 50 海里。

英国对此表示强烈反对。他们不认同冰岛的主张，从 1958 年开始与冰岛爆发过三次"鳕鱼战争"。面对冰岛的海岸警备队，英国甚至出动了军舰，双方也不断爆发小型冲突。两国的摩擦上升到了要互相断交的地步。

最终，欧盟的前身欧洲经济共同体出面裁决，在欧洲全境设立 200 海里的专属经济区。虽然此规定并不符合英国之前的主张，但当时国力有所衰弱的英国也只能接受。

中国的"鱼类之王"，
日本的高级鱼代表

　　欧洲是依靠鲱鱼和鳕鱼才走向发达繁荣的，而对亚洲人来说，最重要的鱼肯定非鲤鱼莫属。鲤鱼从古代开始就被亚洲人称为"鱼类之王"，特别是对中国人和日本人来说，只要提到鱼，第一个想到的肯定是鲤鱼。

　　在当今日本，鲤鱼算不上是什么一流的鱼，充其量就是有些地区的人们会食用鲜鲤鱼切片、凉拌鲤鱼丝以及鲤鱼块浓汤而已。在岛根县的出云地区有名为"宍道湖七珍"的特产，而鲤鱼正是七珍之一。不过现在当地人并不是很喜欢食用鲤鱼，同样是淡水鱼的鲫鱼更受大家的喜爱。

　　鲤鱼之所以这么受中国和日本的重视，是因为在中国和日本的封建王朝时期，统治阶级居住在内陆地区。中国漫长的海岸线沿岸没有出现过一座都城，历朝统治者更喜欢在黄河附近建立都城，王公贵族们也因此热衷于食用内陆的河鱼，也就是鲤鱼。

　　鲤鱼在中国被认为是与皇帝有所关联的鱼。黄河上游有一处叫龙门峡的激流，传说越过这个龙门峡的鲤鱼会进化成真正的龙，而龙同时也是中国古代皇帝的象征，因此鲤鱼也被认为是可以成为龙的鱼。顺便一提，形容迈向成功的难关的"跃龙门"也是由这个典故演化而来。

日本的情况是这样的。平安京有很长一段时间是日本的中心。虽说在日本的沿海地区可以捕获各种鱼类，但作为内陆城市的平安京的居民并不能食用到新鲜的海鱼。而离平安京最近的就是内陆湖琵琶湖了。对平安京的人们来说，琵琶湖的鲤鱼是最容易吃到的鱼。另外，平安时代的贵族阶层受中国文化的影响很大，因此中国人所推崇的鲤鱼在当时的平安贵族眼里也变成高级鱼的代表了。

只不过，两国鲤鱼的做法大相径庭。日本喜欢口味清淡的做法，而中国人更喜欢食用烹炒煎炸过的鲤鱼。

从下等鱼到"胜利之鱼"：
日本武士们的信仰

在中国，哪怕是到了近现代，鲤鱼在食客们心中仍然有着极高的地位。而日本人对鲤鱼的喜爱并没有持续这么长的时间，将日本人心中鲤鱼的地位取而代之的是鲣鱼。

最开始推崇食用鲣鱼的是日本镰仓时期的武士阶层。他们取代京都政府成为国家实质统治阶层以后，鲣鱼也逐渐扩大了自己的影响范围。

鲣鱼的肉是红色的。通常来说，比起鲷鱼和比目鱼之类的白肉鱼，鲣鱼、金枪鱼以及秋刀鱼这样的红肉鱼吃起来味道更浓厚。对性格狂野、习惯食用粗茶淡饭的武士阶层来说，口味清淡的饭食是无法满足他们的肠胃的，只有食用味道浓厚的食物，他们才能获得足够的饱腹感，所以鲣鱼对武士阶层别具吸引力。

不仅如此，由于鲣鱼每年都会洄游到关东地区的近海，因此鲣鱼是关东和东海地区武士阶层最容易获取的鱼类，同时也是他们最重要的蛋白质来源之一。

这种饮食习惯的改变是住在京都的居民所无法想象的。吉野南北朝时期的吉田兼好曾在著作《徒然草》中说，他对当时关东人喜爱鲣鱼的饮食习惯感到十分不可思议。

把通体雪白的白肉鱼当作最上等食材的京都人根本不想尝试鲣鱼这种下等鱼类。但刚刚掌握权力，充满精力的武士阶层可不这么认为，他们和京都人有着截然相反的饮食偏好。

武士们对于鲣鱼的偏爱可能也有追求美好寓意的原因存在。"鲣鱼"在日语里的发音类似"胜利之鱼"。对追求作战胜利的武士们来说，吃了鲣鱼就仿佛自己也变成了"胜利之人"一样，这样的信念让他们在作战时更加勇猛。

有一个人巧妙地利用了武士们的这种迷信。他就是日本战国时期以小田原城作为根据地的北条一族的第二代领导人——北条氏纲。相传每逢北条军乘坐战船出征之时，都会有鲣鱼高高跃出水面。北条将此称为胜利的吉兆，是鲣鱼在提前庆祝他们凯旋。因此军队在作战前士气高涨，继而可以发挥得更好并真正取得战争胜利。

北条的故事也进一步加深了武士们对鲣鱼的信仰。

日本人因鲣鱼
形成了独一无二的饮食文化

　　鲣鱼在漫长的岁月里一直是日本人的主要食物之一，不仅如此，鲣鱼还在很大程度上改变了日本人的饮食习惯。日本人之所以有独一无二的饮食习惯，与食用鲣鱼是脱不开干系的。

　　鲣鱼教会了日本人生食鱼肉。其实生食鱼肉并不是日本人开创的。中国古代就有生食鱼或者肉类的习惯，当时人们把这种烹饪方式称为"脍"。古代日本人也早早地通过"脍"学习到了生食海鲜这种饮食方式。在《日本书记》中曾经记载，日本第十二代天皇景行天皇就食用过用白蛤蜊制作而成的脍料理。从那时起直到中世纪时期，日本人都习惯把鱼肉用醋腌制后生食。

　　但脍料理并没有让生食文化发扬光大。真正让生食文化蓬勃发展的是鲣鱼，因为鲣鱼不适合加热食用。如果烤制的话，鲣鱼的鱼皮会变得干瘪且难以下咽。炖煮后的味道虽然不错，但所消耗的时间又非常长。渐渐地，人们开始选择生食鲣鱼。最初生食鲣鱼的方式是把鱼肉切成比脸大的鱼片，拌上醋和烧酒食用。而到了江户时代，又开始流行拌上酱油来生食鲣鱼。

直到二十世纪后期，因为电冰箱的普及，刺身这种饮食方式才渐渐深入日本普通人家中。在这以前，日本人就从生食鲣鱼中慢慢总结出了刺身的概念。刺身就是"不进行任何处理的料理"。有时不进行任何加工反而更能突出食物本身那种浓厚的味道，因此日本刺身文化的形成可以说是托鲣鱼的福。

同时，鲣鱼还延伸出了干鲣鱼片文化。干鲣鱼片最初是被当作储备粮的。武士们在前往战场时会携带晾干的鲣鱼来当作自己的军粮。将生鲣鱼片晒得半干后反复进行熏制而成的干鲣鱼片不但重量轻，而且可以长期存放。前文也提到过，携带鲣鱼会给武士们一种被上天保佑的感觉。

只是，干鲣鱼片熬出的美味汤汁并没有很早被人们发现。日本人现在食用的这种干鲣鱼片，或者说熬汤用的鲣鱼片，最早是江户时代被人们发现并使用的。故意让食物发霉并在烈日下反复晾晒，才能制成这世界第一坚硬的食材。

干鲣鱼片也是江户时期重要的市场流通货币。当时，只有高级武士或者富商才能享用鲣鱼片熬出的高汤，而平民只能用小鱼干煮汤。不过也是从那时起，用干货熬煮高汤的文化在日本渐渐扎根并蔓延开来。

干鲣鱼片的普及是从二十世纪初期开始的。因为机械动力船的发展，鲣鱼的总捕获量也飞速增大。最开始仅供节日使用的食材也渐渐被端上了普通家庭的餐桌。日本人最初品味到的鲜香味就源自鲣鱼熬煮出的汤汁。这主要是因为干鲣鱼片中富含具有鲜香味的物质——肌苷酸。

江户时期售卖新年第一条鲣鱼的情景

同时，鲣鱼也和日本人爱好美食，或者说对食物很讲究的饮食文化形成有着密不可分的关系。江户时代，当地人会争抢每年第一条被钓上来的鲣鱼。在当时，人们为了吃到每年第一条鲣鱼，甚至不惜把自己的老婆卖掉去交换。

打败了鲣鱼，
摘得日本"鱼类之王"桂冠

　　虽说在武士时代，鲣鱼在食材中的地位得到了大幅提升，但最终被日本人称为鱼类之王的却并不是它，而是鲷鱼。

　　鲷鱼被人们当作鱼类之王的理由之一，是鲣鱼饮食文化传播过快的反作用影响。鲣鱼是味道浓厚的红肉鱼。在那个武士贪得无厌的年代里，味道浓厚的鲣鱼是他们最喜欢的美味佳肴。可是到了江户时代，随着武士官家化，他们也发现除了这些味道浓厚的鱼肉以外，还有一种口味清淡，更加纤细的鱼肉料理。于是他们便开始追求白肉鱼料理了。在这个过程中，白肉鱼中的鲷鱼价值日增。

　　鲷鱼打败鲣鱼的另一个重要原因，是鲣鱼是一种处理起来非常麻烦的食材，并且它对处理手法的要求非常苛刻。确实，鲣鱼生吃的话非常美味，但如果把它烤熟，那么它的皮就会变得十分干瘪，同时，它也不适合做成汤品。那么到最后，食用鲣鱼的方法就只剩下生吃或者做成鱼干了。而在这一方面鲷鱼可以说是完胜，它不但可以做成刺身生吃，也可以烤着吃、煮着吃、蒸着吃，甚至把它放到汤里也十分美味。鲷鱼可以适应各种烹饪方法的属性是人们喜爱它的重要原因。

鲷鱼也是完美代替鲤鱼的一种食材。直到日本的平安时代，鲤鱼一直是鱼类之王。而鲤鱼之所以地位颇高，完全是因为当时的日本人还没有发现海鱼的魅力。随着海洋捕捞技术的进步，沿岸的居民可以轻松地从海里获取鱼类了。从那时起，人们发现，海鱼是十分美味的食材。鲤鱼在食用时会有一股土腥味，而海鱼却没有这个缺点，于是河鱼的代表鲤鱼跌下了神坛。在食用海鱼的风潮刚刚掀起时，鲷鱼和鲣鱼在人气上是平分秋色的。但因为鲷鱼的做法更加多样，所以它打败了鲣鱼，摘得了鱼类之王的桂冠。

同时，鲷鱼体表通红的颜色让它的身价更上一层楼。在日本，红色是有着美好寓意的颜色，因此鲷鱼也频频出现在节日的宴席上。像日本人这样喜爱鲷鱼的种族，恐怕全世界也找不到第二个了吧。

金枪鱼篇
为日本人的味觉赋予了全新体验

到了江户时代，日本人终于可以吃到金枪鱼了。金枪鱼称得上继鲣鱼之后对日本饮食文化影响第二深远的鱼了。

金枪鱼和鲣鱼一样，也是红肉鱼。不仅如此，金枪鱼经过烤制后表皮也会变得干瘪难吃。由于找不到其他更合适的食用方法，所以金枪鱼的主流食用方法依然是生吃。

江户时代的酱油已经和今天的酱油相差无几了，金枪鱼的食用方式逐渐由生食变成用酱油浸泡腌制。这道菜因为十分下饭而在当时颇受好评。

人们认为酱油腌金枪鱼瘦肉其实是攥握寿司的前身。攥握寿司是在十九世纪前期，也就是江户时代末期被人们发明出来的。做法十分简单，仅仅是把酱油腌金枪鱼瘦肉放在醋米饭上而已。金枪鱼瘦肉是最适合做寿司的原料，因此日本历史学者普遍认为，如果没有金枪鱼就不会有寿司。

从江户时期开始，直到二十世纪后期，金枪鱼身上最

十八世纪末期围捕金枪鱼的情景（日本山海名产图绘）

受人喜爱的部位一直是瘦肉部分。现代人提到金枪鱼时最先想到的肯定是肥厚的鱼腩，但在当时鱼腩不但毫无人气，甚至不少人十分厌恶食用鱼腩。说到底可能是因为鱼腩中大量的脂肪导致其很容易快速腐败变质吧。金枪鱼鱼腩在当时有着"猫见跑"的外号，意思是猫看到了都不想吃，还要绕着走。

到了二十世纪后期，随着冷库冷链技术的发展与普及，金枪鱼鱼腩也终于开始得到人们的青睐。经过冷冻处理的鱼腩不再会轻易变质腐败了。当日本人首次食用解冻后的鱼腩时，便被那脂肪甜美的味觉和柔软的口感俘获，仿佛打开了新世界的大门。

　　直到二十世纪中期，日本人普遍食用脂肪含量较少的食物。虽然较为肥美的秋刀鱼和竹荚鱼也颇受喜爱，但当时的日本人并不会食用比秋刀鱼脂肪含量更高的鱼。随着肉类料理的盛行，日本人发现了脂肪的美味，对金枪鱼鱼腩的开发令日本人逐渐爱上了脂肪。

辑三

河豚篇

令日本人深深折服，
甚至一度被禁止食用

目前，日本是世界上少数允许国民食用河豚的国家之一。河豚是含有剧毒的鱼类，稍有不慎就会夺走食用者的生命，因此世界上绝大部分国家禁止人们食用河豚。

日本在明治时期以前也有过一段禁止食用河豚的时期。日本第一个提出禁止食用河豚的人应该是丰臣秀吉。

丰臣秀吉为了实现自己征服朝鲜半岛的野心，于1592年发兵攻打朝鲜半岛，史称文禄庆长之战。但在军队进行远征之前，途经福冈和下关地区时就发生了大量非战斗减员事件。当时的士兵被福冈地区的美味河豚深深折服，因而大量的士兵因为中毒而彻底丧失了战斗力。这件事彻底惹怒了丰臣秀吉。为了能将士兵完好无损地运送到朝鲜半岛的战场上，他下令完全禁止国民食用河豚。

虽然入侵朝鲜的战争随着丰臣秀吉的死亡而画上了句号，但在他之后的德川幕府政权也沿袭了禁止食用河豚的法令。有时，为了警示国民加大处罚的力度，政府甚至会没收因河豚中毒而死去的大臣的全部家产。

德川幕府屡次颁布禁止食用河豚的法令，也恰恰证明了当时因河豚中毒而死的人不在少数。当时的江户人就算冒着违法与死亡的风险，也要偷偷食用河豚。也许，河豚肉的美味有着能让人不惧死亡的魔力。

随着德川幕府的倒台，新上任的明治政府一开始也是禁止民众食用河豚的。伊藤博文的出现，才让河豚合法地重新回到日本人的餐桌上。伊藤博文在回到故乡山口县的时候食用了河豚，河豚的美味令他久久不能忘怀。从那之后，伊藤博文首先在自己的家乡山口县解除了对河豚的食用禁止法令。其他城市也追随伊藤博文的脚步，相继取消了对河豚的禁令。日本人终于迎来了可以随心所欲地享用河豚的时代。

美国高价买下阿拉斯加的理由

帝王蟹是日本北海道地区具有代表性的美食。事实上，帝王蟹并不是一种螃蟹，而是寄居蟹的近亲。食用帝王蟹，把帝王蟹的肉从壳里取出来并不麻烦。

帝王蟹也与美国的历史有着密不可分的联系。1867 年，美国从沙俄手中买走了阿拉斯加地区，其中的动机之一就是美国人民对帝王蟹的需求。

阿拉斯加在被美国买走之前，一直是俄国的领土。征服了西伯利亚地区的俄国人，在跨过了白令海峡后就发现并占领了阿拉斯加地区。

只不过当时的阿拉斯加并没有什么有用的资源，再加上当时俄国深陷克里米亚战争，国家的财政也出现了赤字危机。很显然对当时的俄国来说，阿拉斯加就是一个累赘，所以当时的俄国沙皇亚历山大二世着手将阿拉斯加地区售卖给美国人。在经过多次商讨后，美国最终以 720 万美元买走了阿拉斯加地区的主权。

虽然现在看来，阿拉斯加地区以其丰富的石油资源和水产资源为美国的财政收入做出了不小的贡献，但对当时的人们来说，阿拉斯加地区就是一片寸草不生的荒地。当时的美国人甚至嘲笑购买了阿拉斯加地区的美国国务卿苏瓦德，说他购买阿拉斯加的行为是"苏瓦德的愚蠢时刻"。也有人称苏瓦德此举"最多就是买了个大冰箱而已"。

苏瓦德国务卿为何愿意购买一无所有的阿拉斯加呢？有一种说法认为，苏瓦德的真正目标是阿拉斯加的帝王蟹。美国人很喜爱食用甲壳类生物。美国东海岸地区的缅因州和新罕布什尔州最有名的美食是龙虾。而世界有名的海鲜连锁餐厅"红龙虾"就是在佛罗里达诞生的。

现在的美国人也十分喜爱日本发明的蟹肉棒。虽说名字叫蟹肉棒，可实际上它是由明太鱼的肉制成的。仅仅是把鱼肉加工成螃蟹的味道就让美国人沦陷了，从这一点也不难看出美国人对蟹肉的喜爱。

阿拉斯加沿岸和白令海峡地区是帝王蟹的主要栖息地。美国人就是因为知道了这点，才愿意高价买走一无所有的阿拉斯加的吧。

辑四

香料与调味料：
重新涂写了国际局势

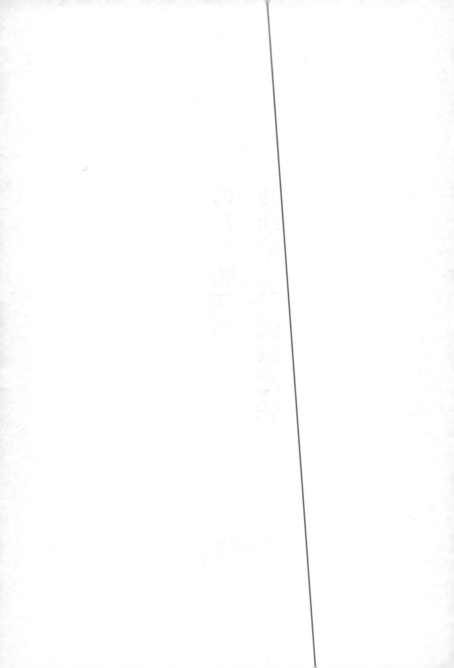

为文艺复兴提供原动力的香料

以胡椒为代表的香料历史在某种程度上反映了交易的历史。同时，胡椒也是欧洲人开展经济全球化运动的助推剂之一。

胡椒是原产自南印度地区的一种植物。不仅胡椒，香料的原材料大多都是生长在热带地区的植物。正因如此，除了辣椒以外，大多数香辛料植物都不能在温带地区进行栽培。想获得香料的话，只能通过国际贸易这种手段了。

香料随着不同的商人几经周转被运送到了遥远的海外，它的身价也因此暴涨。对一般平民来说，香料算得上一种奢侈品了。虽说胡椒现在是家家户户都能使用的平民调味品，但在大型运输船诞生以前，胡椒是仅供"受追捧的人"享用的奢侈品。

在古代欧洲，只有古希腊和罗马帝国的统治阶层才能享用香料。他们不仅把香料作为饭菜的调味剂，有时甚至会当作香水涂抹在身上。

辑四

随着公元四世纪开始的日耳曼民族的入侵和大迁徙，罗马文明灭亡了，与其一起消失的还有对胡椒的需求。新的统治者日耳曼人并不知道胡椒的存在，他们虽然酷爱肉食，但不会把胡椒作为肉食的调味料。

让欧洲人重新认识胡椒的是公元十一世纪的十字军东征事件。为了夺回圣地耶路撒冷的统治权，欧洲十字军发起了一场向中东地区的远征运动。在这个过程中，欧洲人多次刷新自己的认知。以胡椒为首的香料是那次新发现的成果之一。

胡椒让欧洲各国的国王和统治阶层着了迷。当时的欧洲统治阶层酷爱肉食，且占据了大量的肉类资源。而让肉食的魅力锦上添花的就是胡椒了。

现代人习以为常的肉与胡椒的搭配组合，就是人们在欧洲中世纪时期发明的。

从那时起，欧洲各国的国王和统治阶层就开始不断追求高价的香料。借着满足他们的需求，以威尼斯为首的一批意大利海洋城邦实现了经济高速发展。威尼斯的商船在中东地区的叙利亚和亚历山大港购买香料，并将其运回欧洲卖掉，借此获得了巨大的财富。这也为日后意大利的文艺复兴运动提供了坚实的经济基础。

胡椒成为
中国人饮食习惯改变的助推器

对胡椒有着强烈需求的不仅是欧洲人，古代中国人对胡椒也十分狂热。

"胡椒"一词可拆解为"胡"和"椒"。"胡"字在汉文化中自古以来就是描述未开化的外来民族的，经常用来指代来自西方的异族。胡椒，顾名思义就是从中国西方，也就是从中亚地区通过贸易流传到中国的香料。

为中国源源不断运送胡椒的是穆斯林商人。宋朝时，穆斯林商人通过贸易为临安（今杭州）、明州（今宁波）、泉州地区带来了经济的繁荣，而他们最主要的贸易品就是胡椒。

通过意大利旅人马可·波罗的著作《马可·波罗游记》我们不难看出，十三世纪的中国人是多么喜爱胡椒。此书详细记录了当时马可·波罗在中国的所见所闻。当时泉州的繁荣程度让他大为震惊。他曾在书中写道："如果说为了满足基督教各国对胡椒的需求，欧洲派遣一艘巨轮从亚历山大港运回了一整船胡椒的话，那么在泉州港口停留的胡椒运输船足足有欧洲运输船的一百倍之多。"

在马可·波罗生活的年代，欧洲人对胡椒的追求可以说是十分疯狂的，而当时在中国的胡椒贸易总量远远超过欧洲。其中虽有中国人口总数多的原因，但归根结底是因为当时的中国对胡椒的需求更强烈，而且也拥有能满足如此庞大需求的经济能力。

根据马可·波罗的记载，当时中国对贩卖胡椒所收取的商品税大概是 44%，其他商品的税率普遍在30%~40% 之间，只有胡椒的商品税是最高的。尽管税率极高，但得益于胡椒的巨大需求量，国际上胡椒的交易一直没有中断过。元朝政府也靠着胡椒获得了大量的财政税收。

学者们普遍认为，中国人的饮食习惯在元朝时期发生了很大的转变。在当时，以肉类为主的食材种类逐渐丰富，烹饪手法也以"炒"居多。而不论是炒菜还是炒肉，胡椒都是必不可少的美味调味料。因此有部分学者认为，胡椒是中国人饮食习惯改变的助推剂。

后来胡椒也传到了日本，不过并没有掀起像欧洲那样的胡椒热潮，也没有形成中国那样庞大的胡椒需求量。这主要是因为当时的日本崇尚素食和清淡的饮食，胡椒对日本人来说太过刺激了，并不符合他们的口味。

欧洲对香料的需求
拉开了大航海时代的序幕

对十三世纪的欧洲人来说，缺少了胡椒甚至无法正常生活下去。那时有部分欧洲人在席卷全欧洲的胡椒热潮中看到了商机，他们想开设一条全新的属于他们自己的香料贸易线路。在那时的地中海沿岸城市中，威尼斯已经依靠香料贸易实现了富裕繁荣。到了十五世纪，不断壮大的奥斯曼帝国也依靠自己在中东地区的影响力掌控着当地的香料贸易，从而获取了巨大的财富。欧洲人如果想从香料贸易中谋利，就必须找到一条未经威尼斯商人和奥斯曼帝国染指的全新的香料贸易之路。

这就是我们所熟知的"大航海时代"的开端。而在这场寻求财富的探险中打前阵的是当时的新兴国家西班牙和葡萄牙，他们远航的最终目的地都是印度。

葡萄牙沿着非洲西海岸南下，不断探索前往印度的航路。从里斯本出发的达伽马船队在绕过了非洲大陆最南端的好望角之后，久经磨难，于1498年成功抵达印度。葡萄牙在占领了盛产香料的马鲁古群岛后，依靠自己发现的印度航路从香料贸易中获得了大量的财富。

西班牙的航海团则由大西洋出发寻找印度，由此引出了后来影响世界历史进程的"哥伦布发现美洲大陆"事件。不过当时哥伦布一行认为自己确实到达了印度，甚至把当时航行途中经过的加勒比海域群岛命名为"西印度群岛"，把当地的原住民称为"印第安人"。

西班牙人虽然没能如愿从香料贸易中获得财富，但却意外地靠着从南美洲掠夺来的大量金银获得了巨大的财富。除此之外，原产自南美洲的马铃薯、玉米、番茄和辣椒等食物也被西班牙人带回了欧洲，这也为之后的欧洲饮食文化革命埋下了伏笔。

葡萄牙的香料贸易
改变了地中海地区的国际形势

葡萄牙人开辟的全新香料贸易路线对当时的世界格局有着深远的影响，这是因为葡萄牙的香料贸易是依靠其对印度洋的统治权以及对香料贸易的独占权而建立的。

那时的葡萄牙派船队前往印度洋，先是抢夺了红海地区的斯科特拉岛，后来又占领了波斯湾地区的霍尔木兹。此举巩固了葡萄牙对新香料贸易路线的控制。

在这之前，靠贩卖高价香料从欧洲各国赚得盆满钵满的是威尼斯，而从威尼斯等地中海沿岸城市赚取大量香料交易"中介费用"的是当时中东的霸主奥斯曼帝国，以及埃及历史上的马穆鲁克苏丹国。

葡萄牙所贩卖的香料的价格比威尼斯商人所售卖的价格要低得多，因此葡萄牙的低价香料席卷欧洲，威尼斯痛失了它的重要财富来源。此举也给靠收中介费用过活的奥斯曼帝国和马穆鲁克苏丹国带来了沉重的打击。

不甘痛失商机的奥斯曼帝国和马穆鲁克苏丹国相约以

武力扭转局势。为了削弱葡萄牙对印度洋地区的统治力量，两国相约出兵攻打位于印度西面的第乌港。第乌港是葡萄牙香料贸易路线的战略要地，如果攻占了此地，势必会重击葡萄牙的香料垄断。

围绕着第乌港进行的争夺战自 1509 年开始，前前后后发生了很多次。不过每次战败的都是奥斯曼帝国。

奥斯曼帝国不但拥有强大的作战军队，更有着能制霸东地中海地区的强大海军。尽管如此，面对葡萄牙舰队的奥斯曼军队依旧屡战屡败。这主要是因为奥斯曼帝国海军的配置只是针对地中海海域的海战，他们并没有配备远洋进攻的舰队。奥斯曼帝国海军的船只太小，甚至不足以安放火炮。所以在面对坚船利炮的葡萄牙海军舰队时，奥斯曼军队吃尽了苦头。

马穆鲁克苏丹国也因为葡萄牙的香料贸易垄断而逐渐走向了衰败。曾经打败蒙古帝国的强大马穆鲁克苏丹国，最终于 1517 年被奥斯曼帝国吞并了。富甲一方的威尼斯也渐渐进入了经济衰落期。

奥斯曼帝国虽然没有被葡萄牙的香料垄断逼到衰败的地步，但国家的性质也发生了巨大变化。奥斯曼帝国以前是通商型国家，但在香料贸易中备受打击之后，渐渐变成了热衷于对外扩张的征服型国家。奥斯曼帝国开始向巴尔干半岛和东地中海地区扩张自己的势力，最后甚至吞并了埃及马穆鲁克苏丹国所统治的地区。

辑四

因反抗葡萄牙
而兴起的东南亚伊斯兰国家

　　葡萄牙的香料贸易也伴随着其对东南亚地区的武力干涉及统治。这不但动摇了中国大明帝国在当地的朝贡体系，更彻底地改变了东南亚地区的势力版图。

　　在葡萄牙武装介入东南亚地区以前，在当地最具影响力的是大明帝国。只有臣服于大明，并且定期朝贡的国家才有资格和明朝做贸易。换句话说，就是朝贡与贸易一体，如果不进行朝贡就没有和大明进行贸易往来的权力。

　　当时的大明帝国最在意的朝贡国是琉球王国和马六甲王国。这两个国家都是海洋贸易的战略要地，特别是控制着连接沟通太平洋与印度洋咽喉要道马六甲海峡的马六甲王国，更是东南亚地区的战略要地。

　　最初，马六甲王国是泰国阿育陀耶王国政权的仆从国，在臣服于大明并定期朝贡之后，在大明帝国的保护和鼓励下，马六甲王国摆脱了阿育陀耶王国的控制，实现了独立。

　　而打破这一平衡的是葡萄牙人。葡萄牙人在 1511 年以武力占领了马六甲王国，拥有马六甲王国这一战略要地的统治权。

葡萄牙人对马六甲王国的武装占领，沉重地打击了依靠胡椒贸易积累大笔财富的穆斯林商人群体。从印度洋通往盛产香料的马鲁古群岛的最短航线就是马六甲海峡路线了。但由于葡萄牙人的统治，马六甲海峡变得无法随意航行了。

这之后，穆斯林商人只好绕开马六甲海峡，寻找能前往马鲁古群岛的新路线。这个新航路具体说就是从印度洋出发，沿着苏门答腊岛的西岸南下，穿过苏门答腊岛和爪哇岛之间的巽他海峡后抵达马鲁古群岛。

在背后默默支持这群穆斯林商人的是东南亚地区的穆斯林群体。从马六甲王国向大明帝国朝贡开始，当地就已经完全伊斯兰化了。那之后东南亚地区的各个岛国也相继伊斯兰化。当时东南亚地区的穆斯林团体与穆斯林商人团结一致，依靠胡椒贸易，共同对抗企图垄断香料贸易的葡萄牙。

事实上，这场反抗葡萄牙的"胡椒贸易战"也大大提高了伊斯兰教对东南亚地区的影响力。爪哇岛西北部新兴的万丹苏丹国，以及苏门答腊岛北部的亚齐苏丹国，都是依靠胡椒贸易诞生并获得繁荣的新兴伊斯兰国家。

荷兰企图
垄断香料市场

在十七世纪前期，有两个挑战者向企图垄断胡椒贸易的葡萄牙发起了挑战，这就是荷兰和大英帝国。其中荷兰是第一个向葡萄牙发起挑战的欧洲大国。

荷兰人先是沿着葡萄牙人发现的好望角航线到达了东南亚地区，然后以万丹地区为根据地，开始逐步分裂蚕食葡萄牙在东南亚的势力范围。再之后，荷兰从葡萄牙手中成功夺取了马六甲海峡的控制权，并占领了马鲁古群岛。

而英国人对此可以说是等候多时了。当时马鲁古群岛的大本营是安汶岛。在安汶岛的荷兰人倾巢而出，准备抢夺马鲁古群岛的统治权时，英国人的东印度公司趁机占领了安汶岛。这件事最终演变成了荷兰和英国之间的流血冲突。

1623 年，安汶岛上的荷兰人偷袭并屠杀了东印度公司的英国人，一夜过后，整座岛上再也找不到一个活着的英国人了，这件事史称"安汶岛事件"。

荷兰人为了垄断胡椒贸易，采取了非常多的防范措施。为了确保印度洋航路的安稳，部分荷兰人甚至移居到好望角附近的非洲大陆南部地区，他们被称为"布尔人"。布尔在荷兰语中是"农民"的意思。十九时期末期，英国人也在布尔人的居住地发动了一场战争。

　　就这样，占据了马鲁古群岛庞大胡椒资源的荷兰逐渐发展成一个海洋性贸易帝国。但荷兰的繁荣并没有持续很久，主要是因为欧洲地区的胡椒热潮持续时间不长。十七世纪后期，欧洲逐渐流行起了饮用红茶、咖啡和热巧克力的热潮。欧洲人对胡椒的关注度也随之转移到了新的流行品上去了。

强大的环境适应能力，
使它成为新的香料之王

代替胡椒，成为新的香料之王的就是辣椒了。辣椒是原产于南美洲的植物，随着哥伦布发现新大陆而被传播到了欧洲地区。在那之后，辣椒又被带往了世界各地，甚至比胡椒传播的范围还要广。

只不过，辣椒在欧洲并不是很受欢迎。即便是现在的欧洲人，也普遍无法接受辣椒这种刺激舌尖的辛辣味道。他们能接受的最多也就是胡椒那种程度的刺激了。就连以使用多种调味料闻名的德国咖喱香肠都尝不到辛辣味。

没有获得欧洲人芳心的辣椒，之后逐渐传播到了亚洲和非洲地区。将辣椒传播到亚洲的是葡萄牙人，他们将从西班牙人手里获取的辣椒带到了印度。借助辣椒，印度的咖喱第一次有了辛辣的口味。在那之后，辣椒在东南亚地区的传播一发不可收拾，这也是如今的东南亚菜肴普遍辛辣的原因。

1557 年，葡萄牙人获得了在中国澳门的居住权，开始将自己的影响势力扩张到东亚地区。随着葡萄牙人的到来，辣椒也传播到了中国，并很快流传到了日本。

将辣椒传播到朝鲜半岛的是日本人。人们普遍认为，是丰臣秀吉的侵朝远征军将辣椒带到了当地。从那时起，朝鲜半岛也称辣椒为"倭辣子"。随着辣椒的到来，朝鲜半岛的"辣白菜"得以诞生。辣椒在中国内部的传播影响了诸如湖南菜和四川菜等菜系。

再往后，辣椒也传播到了不丹和尼泊尔等国。在不丹，人们像食用其他蔬菜一样食用辣椒。绝大部分的不丹菜里都有辣椒，所以正宗的不丹菜几乎全是有辛辣味道的。

辣椒之所以能将自己的影响力传播到世界的各个角落，得益于它强大的环境适应能力。辣椒可以在寒冷的地域或者山丘地区进行种植。

一般来说，像胡椒之类的原产于热带地区的香料是无法在寒冷地带培育种植的，但辣椒却与众不同。辣椒虽然也是原产于南美洲的热带植物，但部分品种是可以在南美洲的山丘地带生长存活的。这些品种也适应不丹的山地以及朝鲜半岛等较寒冷的地区。

几乎风靡了全世界的辣椒在渗透到日本人的饮食过程中

却花费了大量的时间。在江户时代，辣椒仅仅被人们当作乌冬面里的小佐料。当时的日本人也没有开发出辣椒的其他食用方法。辣椒之所以没有俘获日本人的芳心，是因为辣椒的辣味只适合与味道浓郁的料理相搭配。对当时追求清淡口味的日本人来说，辣味会破坏掉料理中的其他味道。

　　举例来说，无论是中国的麻婆豆腐、朝鲜的辣白菜还是印度等南亚国家的咖喱，口味都十分浓郁。日本人喜爱的刺身和味噌汤都和辣椒不搭配。在近年流行的辣食热潮以前，日本人对辣椒是没有什么好感的。

辑四

番茄酱篇

亚洲的鱼酱启发了美国的番茄酱

番茄酱是热狗或者蛋包饭里必不可少的调味料。将番茄酱推广到世界各地的是美国的食品公司卡夫亨氏。到1876年卡夫亨氏开始贩卖番茄酱为止，番茄酱其实已经"周游"了大半个地球。

有一种说法认为，番茄酱起源于东南亚地区的鱼酱，也可能是经由中国的茄酱演化而来的。

不管是哪一种可能，原本的番茄酱肯定是诞生在亚洲地区的一种鱼酱，并且肯定和番茄扯不上什么关系。鱼酱其实和酱油类似，是把鱼用盐腌制后发酵获得的液体调味料。日本秋田地区的盐汁鱼露和能登半岛的鱼露都是鱼酱。这种鱼酱在东亚及东南亚地区颇受人们的喜爱。

最先体会到鱼酱美味的外国人是英国人。他们在殖民马来西亚的时候尝试并体会到了鱼酱的美味。回到英国本土的英国人为了再现鱼酱的美味，开始利用身边的食材尝试复刻一款英国特有的鱼酱。

英国人尝试使用凤尾鱼、香料、水果以及蘑菇等多种食材进行组合，最终发明了多款英式鱼酱，其中甚至有几款鱼酱的原材料里并没有鱼。

在这些鱼酱中，要数用蘑菇和核桃制成的鱼酱最有人气了。英国人成功地把东南亚的鱼酱改良成了不需要鱼的"新式鱼酱"。

这些被英国人改良过的鱼酱后来也传播到了美国。美国人又将这些新式鱼酱和番茄相结合，逐渐改良研制出了现代的番茄酱。

蘑菇制成的番茄酱

番茄的原产地在南美大陆的安第斯山脉。在哥伦布发现美洲大陆之后，番茄很快就随着舰队传播到了欧洲，但最初欧洲人并没有食用番茄的想法。这主要是因为番茄看起来像是一种有毒的植物。直到十七世纪末期，意大利的那不勒斯居民首次尝试食用番茄。从那时起，番茄汁和意大利面完美地结合到了一起。

番茄汁的概念由意大利移民者传播到了美国，美国人开始尝试将番茄汁与新式鱼酱相结合。起初，人们合成的番茄汁鱼酱的味道过酸，直到用砂糖调整食物味道的技术出现，现代的番茄酱雏形才逐渐形成。就这样，卡夫亨氏的红色番茄酱也开始大量生产，并远销各国。

印度的鱼酱启发了英国的伍斯特酱

伍斯特酱是如今日本西洋风料理中不可或缺的调味料。正因为有了伍斯特酱作基础，日本才能研制出各种各样的新式酱料，日式炸猪排和大阪烧等料理才能如此美味诱人。

伍斯特酱是英国人发明的，不过它的原型是一种来自印度的调味料。十九世纪，英国人在印度建立起了殖民地。远赴重洋来统治印度的英国人渐渐被印度的美食俘获。其中既有印度的名产咖喱，也有印度独有的各种调味料。

曾任孟加拉总督的马库斯·桑迪在任期结束归国之后，仍然想在本国品尝到印度特有的调味料。为此，他把从印度收集到的菜谱交给了李和派林两人，希望可以重现印度的特色酱料。

这位原孟加拉总督最喜爱的调味料应该就是印度鱼酱。在欧洲，古代罗马人曾经酷爱一种叫"迦卢姆"的鱼酱，只不过随着罗马帝国的覆灭，欧洲人的鱼酱文化也逐渐消亡了。在那之后的意大利半岛居民，因为地中海地区不断被诺曼人和穆斯林袭击争夺，也逐渐失去了制作鱼酱的饮食习惯。换句话说，在欧洲并不存在古罗马鱼酱文化的继承者。

对欧洲居民来说，大航海时代之后从亚洲带回来的鱼酱是一种很有新鲜感的调味料，而且这种美味是大多数欧洲人前所未有的体验。就像前文所描述的那样，一部分英国人被东南亚的茄汁鱼酱吸引，英国人开始沉迷于印度鱼酱的魅力。

辑
四

桑迪交给李和派林的菜谱中要求他们以鱼、大豆和香辛料为原料来制作鱼酱。二人也依靠这个菜谱成功做出了一款黑色的酱汁，也就是伍斯特酱。

这之后李和派林成立了李派林公司，并开始大量生产贩卖伍斯特酱。因为他们的公司坐落在伍斯特郡的伍斯特地区，所以他们的酱料才以此来命名。

另外还有一种观点认为，在李派林公司成立以前就有伍斯特地区的家庭主妇发明了伍斯特酱。不过这件事的真伪如今已经无从考证了。

不管怎样，伍斯特酱从此走向了世界，甚至还传回了原产国印度。因为日本本就有食用酱油的习惯，所以伍斯特酱

李派林公司出品的
伍斯特酱广告（1990 年）

作为一种新式的酱油传播到日本后很容易被日本人接受。

　　伍斯特酱很快就融入了当时日本蓬勃发展的西洋风饮食产业中去了。那时的日本人在食用可乐饼或炸猪排的时候，一定会先淋上伍斯特酱。这样吃也确实十分美味。

　　最终，伍斯特酱在日本迎来了第二次进化。日本的伍斯特酱逐渐去除了原材料中的凤尾鱼，因此逐渐脱离了鱼酱的范畴。日式伍斯特酱比原本的伍斯特酱味道更加浓厚，十分适合搭配炸猪排、大阪烧和章鱼烧来食用。

中国的豆酱催生了日本的味噌

　　酱油和味噌都是日本人的饮食文化中必不可少的调味料。其实味噌的历史要比酱油更悠久，甚至最初的日式酱油都是从味噌中分离出来的。

　　酱油和味噌说到底都是"谷物发酵酱汁"，也就是把谷物碾碎，煮熟并用盐腌制后发酵形成的调味料。前文所提到的鱼酱就是以鱼为原材料制成的发酵酱汁。鱼酱在中国南部和东南亚地区颇受欢迎，而在中国北方、朝鲜半岛以及日本列岛，人们更喜欢食用谷物发酵形成的酱汁。

　　日本的味噌和酱油都源于"豆酱"。豆酱是用大豆和盐加工制成的一种谷物发酵酱汁。豆酱的起源肯定是在中国，而豆酱传入日本的时间却尚无定论。学者普遍认为是在日本的飞鸟时代到奈良时代，豆酱经由朝鲜半岛或者从中国直接传到了日本。当然也有少部分学者认为日本人自己发明了豆酱。

　　对连豆酱都没有的古代日本来说，自然也是没有酱油和味噌的。古代日本人只能依靠醋、盐和蜂蜜来调味。在获得了美味的豆酱之后，日本人的调味手段第一次得到了扩充。流传到日本的豆酱也在本土化改良之后逐渐发展进化。

在日本，人们在制作豆酱时除了大豆以外还会添加米和麦类等谷物。特别是随着水稻种植业的发展，米开始频繁被人们用来制作酱汁。慢慢地，这种新式做酱法催生出了名为味噌的新式酱料。

随着武士时代的到来，味噌的制作业也传播得更加广泛了。武士阶层十分喜爱食用味噌，因为它易于保存的特性。在上战场前携带少量的味噌，可以当作军粮来长期保存。

除此之外，味噌的味道也十分丰富。在此之前，京都地区的贵族阶层所喜爱的料理大多中看不中用，他们追求食物的外表而不在乎食物的味道。而对重视食物味道的武士阶层来说，味噌是独一无二的美味。

味噌是武士阶层十分重要的下酒菜。只要给他们一点点味噌，他们就十分满足了。镰仓幕府的掌权人北条时赖在半夜接受平宣时拜访的时候用美酒招待了他，那时的下酒菜就是小小容器中装着的一点点味噌。虽然这听起来像是宣传北条一族禁欲节俭的故事，但有一点并没有说错——对当时的武士阶层来说，味噌是最美味的下酒菜。

味噌成为
日本战国时代武将的奖赏品

　　随着镰仓、室町等时代的更替，日本的味噌产业逐渐兴盛起来。当时人们用"身边的味噌"来形容自吹自擂的行为。可见对当时的人们来说，味噌是家家户户都能自己制作的调味料。这主要是因为味噌并不像酱油那样在加工时需要各种设施及工具，寻常人家制作起来没有什么困难。

　　到了战国时代，味噌的重要程度更上了一层楼。有见识的战国武将会用味噌来奖励自己领地上的居民。战国时代也是交战规模逐渐扩大的时代，而想要指挥大军就必须提前准备好米和味噌。

　　战国大名用味噌作为奖赏的行为也催生出了很多名牌味噌，比如信州味噌。信州味噌是日本最特别的米味噌，它是由武田信玄普及推广的。在甲斐地区设立根据地的武田信玄，一生中最灿烂的成就就是征服了信州地区。信州是一片气候干冷的荒地，而征服了信州的武田信玄想到的第一件事就是利用信州大片的荒地来种植大豆。

从那以后，利用米曲和大豆制成的味噌产业逐渐步入了正轨。信州地区的昼夜温差较大，十分适宜制作味噌。信州味噌在当时甚至传播到了首都地区。在今天的日本，最受广大民众喜爱的味噌还是信州味噌。

另外，同样是以米曲和大豆作为原料的仙台味噌，在伊达正宗的指导下诞生了。伊达正宗所追求的是能长期保存的味噌，因此仙台味噌具有独特的辛辣口味。

让仙台味噌在武士阶层中名声大噪的是丰臣秀吉领导的朝鲜远征。当时，许多大名携带的味噌出现了变质的问题，而伊达正宗军队所携带的仙台红味噌却能长期保存。这成了宣传仙台味噌品质的奇闻佳话，而伊达正宗也靠这个故事在当时名声大震。

从味噌桶中
诞生的日式酱油

辑四

前文已经提到过了，酱油是从味噌中分离出来的一种谷物发酵酱汁。现代日式酱油的起源就是味噌桶中积攒的液体，这种液体中特有的氨基酸生成物赋予了酱汁别具一格的美味。

具体来说，在十三世纪中期，镰仓时代的僧侣觉心大师从南宋带回了径山寺味噌酱。在归来途中，他把径山寺味噌的制作方法传授给了纪州汤浅地区的人们。由于径山寺味噌的木桶中积攒的酱汁十分美味，这种靠味噌堆积渗透出的酱油也逐渐受到人们的推崇。

只是，这种酱油的味道过于浓郁，而且闻起来也没有香味。十六世纪后期，播州的龙野终于研制出了淡口味的酱油。在酱油中加入小麦，利用多道加工工序，从而使酱油的味道和颜色都变淡了许多。

播州发明的淡口味酱油在京都地区大受欢迎。当时，京都地区十分盛行素食料理，淡口味酱油和素食料理十分搭配。

在那之后，淡口味酱油作为下等酱油流传到了关东，并在关东被成功改造成了浓味酱油。在江户时代，江户地区的居民流行生吃鲣鱼和金枪鱼，而浓口味酱油是最适合搭配刺身食用的调味料了。

就这样，酱油开始在日本快速普及，生活在大城市的武士及市民都十分喜爱酱油。特别是对习惯生食鱼类的人来说，酱油是不能缺少的调味料。随着酱油的出现，日本的生食文化也得到了飞速发展。为了吃到更美味的寿司，日本人对高级酱油的需求也逐渐扩大，就这样刺身文化和酱油文化相辅相成，酱油也逐渐进化成了今天我们所熟知的样子。

咖啡与茶：点燃了世界范围内革命与叛乱的火苗

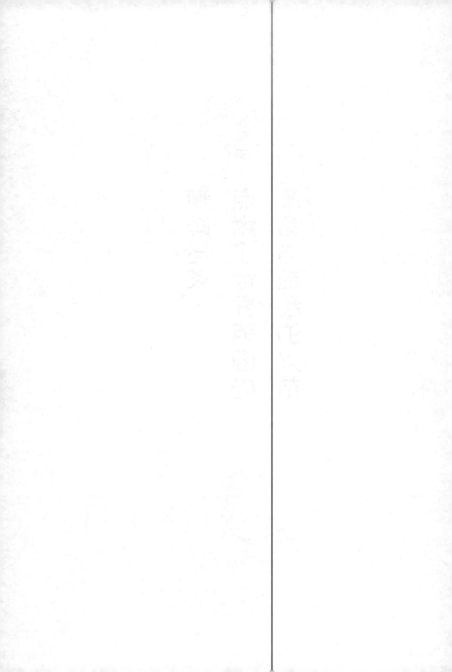

作为伊斯兰教神秘主义者冥想时的饮品

　　咖啡、红茶等饮品与欧洲发源的现代文明的诞生有着很深的联系。正因为咖啡的出现，人们才能冷静下来议论并与其他人交换自己的看法，更加专注地思考问题。

　　想要探寻咖啡的本源，就要先进入伊斯兰教的世界中去。在伊斯兰世界中，咖啡是用于帮助教徒进行深度冥想的饮品。

　　咖啡豆的原产地是非洲大陆上埃塞俄比亚的卡夫瓦地区，而在当地发现咖啡豆的其实是阿拉伯人。公元七世纪，穆罕默德的出现使松散的阿拉伯地区形成了一个整体，这个逐渐壮大的伊斯兰世界也不可避免地开始进行对外扩张。阿拉伯的商人也是在这一时期踏足埃塞俄比亚的领土，发现了咖啡豆。"咖啡"一词是由咖啡豆的原产地"卡夫瓦"演变而来的。

　　伊斯兰教中的神秘主义者最先迷上了咖啡。他们信奉苏菲派神秘主义思想，因此被称为"苏菲派信徒"。这些苏菲派信徒同时也是禁欲主义者。他们为了更接近自己信仰的神，认为自己不需要进食和睡眠。而让这些苏菲派信徒能够熬夜不睡觉，为了接近神而保持冥想状态的就是咖啡了。

众所周知，咖啡中富含咖啡因，可以使人保持兴奋状态。不断地喝咖啡在一定程度上可以帮助饮用者熬夜不睡觉。苏菲派信徒也十分认可咖啡的这一作用，于是为了熬过一个个神圣的夜晚，他们便在夜里不间断地饮用咖啡。

除了苏菲派信徒，伊斯兰世界的其他人也渐渐对咖啡产生了兴趣。这期间，由咖啡引起的武力镇压事件也时有发生，因为当时有人怀疑咖啡和葡萄酒一样是富含酒精的饮品。

伊斯兰教是禁止教徒饮酒的。当时有部分人认为，有兴奋作用的咖啡也可能是一种酒类。因此在十六世纪前期，伊斯兰教的圣地麦加地区发生了多次焚烧咖啡豆的恶性事件。

其实焚烧咖啡豆这一事件也有积极的影响。在此事件之后，咖啡彻底证明了自己与葡萄酒毫无关系。从十七世纪开始，伊斯兰教徒可以正大光明地享用咖啡，伊斯兰世界里也兴起了一股咖啡浪潮。

奥斯曼帝国发动的战争，
将咖啡豆带到欧洲

    十七世纪，在伊斯兰教诸国掀起轩然大波的咖啡也渐渐传播到了欧洲。传说咖啡豆是在奥斯曼帝国围攻维也纳的时候传播到欧洲的。

    十五世纪，奥斯曼帝国在伊斯兰世界迅速扩张。在占领了巴尔干半岛、中东地区和埃及地区后，奥斯曼帝国成功建立起一个横跨亚非欧三大洲的超级帝国。这个超级帝国的下一个征服目标就是奥地利的哈布斯堡王朝的首都——维也纳。1683 年，奥斯曼帝国包围了维也纳，但随后便在攻城战中战败，被迫撤退。奥斯曼帝国的军人来不及带走的咖啡豆被打扫战场的欧洲居民发现，这是欧洲人第一次对咖啡豆产生兴趣。

    其实，咖啡豆早在 1683 年的维也纳保卫战之前就已经传播到欧洲了。1669 年，奥斯曼帝国的使者前往巴黎参见法国国王路易十四，所携带的特产礼物就是咖啡豆。

    奥斯曼帝国使者精心准备的咖啡很快就让巴黎的贵族

们着了迷。从那以后，法国逐渐兴起了饮用咖啡的潮流。

奥斯曼帝国的使者访问巴黎其实也是为攻打维也纳做准备。奥斯曼帝国征服维也纳的野心早在十六世纪初期就已经形成了，全盛时期的统治者苏莱曼大帝曾经率 12 万大军于 1529 年包围了维也纳。这是维也纳历史上面临的最严重的危机之一。到了冬季，奥斯曼帝国的大军不得不班师回朝。但从第一次围攻维也纳开始，奥斯曼帝国就一直对维也纳虎视眈眈。

到了十七世纪后期，奥斯曼帝国计划与法国合围歼灭并占领维也纳。对法国来说，虽然维也纳人和自己一样属于基督教信仰者，但维也纳的统治阶级哈布斯堡家族却是法国贵族长久以来的敌人之一。

敌人的敌人就是朋友，奥斯曼帝国和法国达成了共识，他们计划同时出击，一举拿下维也纳。这就是 1683 年第二次维也纳攻城战，但战争仍以奥斯曼帝国的撤退告终。在那之后，奥斯曼帝国的权威被动摇，进入了漫长的衰落期。

咖啡馆中诞生了
英国政党政治、新闻媒体业和证券业

    咖啡真正流入法国是在 1669 年以后，流入英国的时间要更早一些。咖啡在伊斯兰世界广泛流传，伊斯兰教统治的印度姆加尔帝国也自然而然受到了咖啡浪潮的影响。英国人通过对印度的殖民了解到了咖啡，并将其作为战利品运回了自己的国家。

    伦敦第一家咖啡馆在 1652 年建成，正好是克伦威尔独裁专政的年代。从那时起直到十七世纪后期，伦敦的居民很快就爱上了咖啡这种新奇的饮品。只用了不到半个世纪，伦敦的街头就有数千家咖啡馆粉墨登场。

    咖啡馆所提供的饮品不仅有咖啡，红茶、热朱古力也是咖啡馆的当家饮品，其中最具人气的当然非咖啡莫属了。伦敦的居民在饮用了咖啡后，获得了前所未有的兴奋感。

    咖啡中的咖啡因不仅能让人保持兴奋状态，更能刺激人的大脑思考。当时，在咖啡馆里人们除了品尝咖啡，还会边抽烟边交谈。咖啡馆就像一个情报交换站，大家聚集

十七世纪伦敦的咖啡馆

在此，交换信息并论述自己的意见，甚至有些过于兴奋的
客人还会激动地争论。在这之前，伦敦人虽然也时常在醉
酒后大吵大闹，但咖啡的出现却改变了他们。同样是吵闹，
但咖啡馆里的吵闹却是学术性的，有意义的。

　　咖啡馆的另一个优点是它们接纳所有身份的人。在那
之前，因为历史原因残留的阶级问题，伦敦是不允许不同
阶级地位的人出现在同一空间里的。但随着 1640 年英国国
王查尔斯一世在内战中战败并被处刑，英国社会森严的阶

级制度也逐渐被打破。咖啡馆率先成为跨越阶级的交流场所，也变成了近代文明的摇篮。

咖啡馆中人们的情报交流和信息交换催生了记者这个职业。收集情报和信息，整合后再传播出去，这就是近代报纸和杂志等纸质媒体的工作。

在当时的咖啡馆中，还可以打听到有关各个公司股票的情报，也正因如此，不少咖啡馆里也存在着股票交易的现象。从最开始个别人的股票交易，到后来的证券交易所、证券公司以及保险公司，其实咖啡馆和金融行业的诞生密不可分。世界上最大的保险组织劳合社就是从咖啡馆中诞生的。

咖啡馆也是谈论政治的绝佳场所。一边喝咖啡一边谈论自己观点，很容易吸引到信仰相同的追随者。托里党和辉格党就是在咖啡馆里成立的。英国是世界上最先尝试政党政治的国家。如果没有咖啡馆，那么这一切可能也不复存在了吧。

咖啡馆还是现代科学体系的缔造者之一。在咖啡馆里聚集着一些求知欲强且热衷于讨论问题的有志之士，这群人后来成立了英国皇家协会。皇家协会里聚集了以牛顿为首的大批科学工作者，他们在之后十八世纪的科学革命中扮演了十分重要的角色。

咖啡馆中诞生的
新思想催生了法国大革命

在咖啡馆里"喝"出新想法的可不仅仅是英国人。法国人和美国人也在咖啡馆里找到了新的思想，而这些新的思想也指引人类进入了一个全新的时代。我们先将目光放在 1789 年的法国大革命上。

十七世纪后期，自从奥斯曼帝国的使者将咖啡传到法国以来，巴黎掀起了一股咖啡热潮。巴黎的市民热衷于在咖啡馆里边品尝咖啡边激烈地与旁人辩论。

在巴黎的咖啡馆里，人们逐渐萌生出理性主义的思想，表达了对现存体制和思想的质疑，获得了到达真理的钥匙。这种疑问也催生了自由平等的思想，即所有人生而平等，人人拥有人身自由的权利。

自由平等的思想逐渐蔓延，最终还影响了法国王室波旁王朝的统治。说到底，国王的权力是人民赋予的，人民如果不承认国王的地位，那国王也将不复存在。因此自由平等的思想从根源上否定了国王的权力，成为 1789 年法国

梵高所描绘的巴黎的咖啡馆

大革命的原动力。

　　法国大革命最直接的导火索是贫穷和饥饿。法国的大革
命第一次将王室与平民拉到同一立场，共同面对这个困难。
最开始路易十六是欣然接受革命的，但随着革命的过激化，
法国陷入了无休止的内战。

法国大革命之后，咖啡馆继续在数次政治变革中扮演关键角色。欧洲各国的人民在咖啡馆里交流和传播平等自由的思想，最终在 1848 年，欧洲多地爆发了革命运动。国王独裁政治这种古老的封建体制已经难以维持了，人类社会逐渐进入全民参政的国民国家，或者说大众社会的阶段。

　　到了二十世纪，咖啡又让学生群体的思想得到了觉醒。日本在 1960 年前后爆发过学生运动，这些在茶馆边喝咖啡边交流思想的学生，其实也拥有着改变社会的力量。

辑
五

为了喝到咖啡，
欧洲人奋起反抗拿破仑统治

　　十七世纪后期，咖啡在欧洲得到了广泛的传播，咖啡逐渐变成欧洲人民日常生活中不可缺少的饮品。换言之，没有咖啡的生活是当时的欧洲人无法想象的。而拿破仑对咖啡的控制欲，最终也招致了自己帝国的灭亡。

　　1804 年，拿破仑登基，开始逐步实施自己称霸欧洲的计划。拿破仑率军在奥斯特里茨战役中大破奥俄联军，在耶拿战役中又打败了军事强国普鲁士。在拿破仑面前，连俄国都没有办法有效地发动反击。此时的拿破仑几乎已经拿下了欧洲大陆，只剩下英国这最后的强敌。

　　拿破仑为了遏制英国的经济，于 1806 年出台了大陆封锁政策。该政策禁止欧洲各国与英国及其殖民地进行贸易往来，其中也包括咖啡的国际贸易。

　　喝不到咖啡对当时的欧洲人来说是一件无法忍受的事情。在这之后，以普鲁士为首的各国开始爆发反对拿破仑的思潮。马克思曾说："因拿破仑的大陆封锁政策导致的砂糖和咖啡的短缺，是迫使德国人推翻拿破仑统治的导火索。"虽说喝不到咖啡就要爆发反抗运动听起来有些夸张，但在当时的欧洲，咖啡对欧洲人就是如此重要。

当时普鲁士的哲学家费希特曾发表著名演说《告德意志公民》，极大地激励了德国人民。同时依靠斯坦因和哈登堡的改革，普鲁士的经济和军事水平逐渐恢复。此时的普鲁士人民正为了打倒拿破仑慢慢积蓄着国力和战意。

1813 年爆发了莱比锡战役。在这场被称为"诸国之战"的战役中，为了推翻拿破仑的统治，普鲁士、俄国以及奥地利的军队联合作战，最终正面击溃了不可一世的拿破仑军队。

因为对咖啡的管控而吃了败仗的拿破仑从此一蹶不振，再也没有了翻盘的可能。

欧洲人的战争
必须"兵马未动，咖啡先行"

咖啡不但能使人兴奋，给人极大的精神刺激，更能短时间赋予人很强的活力，一杯咖啡就可以让人瞬间精力充沛。拿破仑正是看到了这一点，在很早以前就将咖啡设为部队的行军饮品。

当时，不但咖啡风靡欧洲，砂糖也是从那时开始被欧洲人广泛使用的。加了砂糖的咖啡能让士兵精神饱满，糖作为绝佳的热量来源也可以为士兵补充能量。拿破仑军队强大的战斗力也与加糖咖啡脱不了关系吧。

从那以后，咖啡不仅能支撑人们的脑力活动，而且在工业生产和军事活动中也是不可缺少的存在。在工业革命中，咖啡和红茶为劳动者补充能量的同时还鼓舞其身心。只需在早餐食用面包和加了砂糖的咖啡，劳动者就可以快速补充体力并恢复饱满的精神状态。感到疲惫的时候，只要喝了咖啡，就能迅速找回工作状态。

在战场上也是一样的。一杯热咖啡，能令士兵迅速恢复精神状态。哪怕是夜间作战，士兵也能从容应对。

　　咖啡是欧洲军队最重要的饮品，因此对当时的欧洲人来说，打仗时必须"兵马未动，咖啡先行"。在第一次世界大战中诞生的壕沟战术是一种长期的消耗战，这种战术会缓慢地消磨作战双方的战斗意志，但是咖啡的存在让作战双方的士兵有精力坚持进行一场场艰难的拉锯战。

辑
五

英国咖啡豆贸易失败，转而成为红茶大国

红茶与咖啡、朱古力一样是十七到十九世纪风靡欧洲，并影响世界历史进程的美味饮品。红茶的原型是中国的茶。中国人自古以来就有饮茶的习惯，这个习惯后来也传播到了日本。而将茶叶发酵后再进行冲泡的饮品就是红茶了。

十六世纪中期，葡萄牙人的商队到达中国进行贸易，欧洲人才有机会接触并品尝到茶叶。

最先爱上中国茶叶的欧洲白人很可能是俄罗斯人。十六世纪后期，沙皇俄国开始大力开发西伯利亚平原，并于十七世纪前期成功地将自己的影响力延伸到了鄂霍茨克海地区。在这个过程中，沙俄与中国的明帝国和清帝国前前后后有过数次接触。1689年，中国清朝的统治者康熙皇帝与沙俄的彼得一世签署了《尼布楚条约》，明确了两国有争议的边境线划分问题。从十七世纪初期开始，中国就与沙俄有着多次交流及贸易往来，红茶就是那时流传到俄罗斯的。

辑五

从俄罗斯人的茶炊用具"俄式烧水壶"中我们不难看出俄罗斯人对红茶的喜爱。他们用俄式烧水壶烧开水冲泡并享用红茶。在文学大师托尔斯泰的作品中，频频出现描绘俄罗斯人饮茶的场景。

比俄罗斯人更喜爱红茶的是英国人。十七世纪后期，英国掀起了一股咖啡热潮，而在十七世纪末期，这股咖啡热逐渐退去，红茶成为人们的新宠。而这种改变在欧洲其他国家并没有发生。

十八世纪的英国人之所以爱上红茶，是由许多原因综合而成的。首先是因为英国在与荷兰的咖啡豆贸易战中吃了败仗。荷兰在当时已经占据了香料的主要出口地印度尼西亚的马鲁古群岛。在那之后，荷兰又将咖啡豆树移植到印度尼西亚地区的爪哇岛上进行大规模种植培育。与之相对，英国的殖民地中没有一处是适合种植咖啡豆的，因此英国的咖啡贸易只能先从别处进口再进行出口。在能自产自销咖啡豆的荷兰面前，英国的咖啡豆毫无优势，很快在价格战中败下阵来。由于咖啡豆贸易竞争上的失败，英国也开始从国家政策上想办法，转移本国人民对咖啡的依赖。

其次是因为英国妇女长期积累的怨恨和不满。咖啡馆允许各个阶层不同身份的人进入，但实际上长期泡在咖啡馆里消磨时间的都是英国男性。他们不管家事，不顾工作，一天天只想着在咖啡馆里谈天说地。

相反，在法国最开始掀起咖啡热潮的是贵族女性，因此在法国不论男女，都很享受咖啡文化。而在英国，咖啡是只有男性才能享用的饮品。英国女性很反感咖啡馆，甚至在当时还流传过"喝咖啡的男人都是有性功能障碍的人"这样荒谬的谣言。

就这样，在英国女性让男性脱离咖啡馆回归家庭的关键时期，红茶发挥了至关重要的作用。

冲泡咖啡需要比较专业的设备，所以在家用咖啡机和咖啡冲剂被发明出来以前，咖啡是只有在咖啡馆才能喝到的饮品。而红茶的制作却十分简单，只需要用沸水冲泡茶叶，因此在家庭聚会中，红茶是比咖啡更合适的饮品。随着大量咖啡爱好者回归家庭，红茶也在英国掀起了新一轮的饮品革命。

美国与英国彻底决裂，
转而回归咖啡文化

　　十八世纪，英国因红茶掀起了大风大浪，但欧洲其他国家却风平浪静。唯一受到英国红茶狂热影响的是遥远的美洲殖民地。他们为了模仿家乡人民爱好的转变，也开始试着放弃咖啡而饮用红茶。

　　只不过在后来，美洲殖民地人民最爱的饮品又从红茶转回到咖啡了。这其实和美国的独立战争有千丝万缕的联系。

　　1775年，为了反抗英国征收重税，美洲殖民地爆发了一场独立战争。英国曾在1756年于新大陆的法属印第安殖民地挑起了"法属印第安殖民地战争"。这场战争的胜利虽然给英国带来了更广阔的殖民地，但也给英国留下了个财政赤字的烂摊子。为了达到收支平衡，英国政府开始向美洲殖民地征收高额税费。

　　当时英国政府颁布了《汤森法案》，要求对美洲殖民地进口的纸张、玻璃等物品进行高额征税，其中最为关键的是茶叶税。《茶税法》要求，除英国东印度公司以外的其他贸易公司在向美洲殖民地出口茶叶时，应上缴高额关税。美洲殖民地的居民为了不交税，只能购买东印度公司进口的昂贵的茶叶。这种企图对美洲茶叶产业进行垄断的行为引起了当地人的强烈反对。

在波士顿，有强硬派人士化装成印第安人，偷袭了东印度公司的商船，并将那批茶叶全部倒进了大海。这就是有名的"波士顿倾茶事件"。从那以后，英国与美洲殖民地居民的矛盾逐渐激化，最终导致了美国独立战争爆发。

波士顿倾茶事件还有一层抽象的含义，它标志着美国人在倾倒茶叶时也抛弃了深爱的红茶文化，象征着美国人民与英国彻底决裂。

决心独立的美国人民也在文化层面上寻求着与英国的差别。倘若继续喝着英国人爱喝的红茶，那和继续被英国统治有什么分别呢？当时的美国人于是放弃了红茶文化，转而回归咖啡文化。

1776 年的某一天，在费城的一座咖啡馆里聚集了华盛顿等美国独立建国的重要人物，他们在此处开会讨论了有关独立宣言、宪法制定等多项影响美国后世的重要宪章。

波士顿倾茶事件的版画

　　美国人也喜欢边喝咖啡边畅想未来，到了二十世纪也没有发生改变。1971年，在西雅图诞生了世界上第一家星巴克。星巴克与之前的咖啡馆相比更加酷炫时尚，这种崭新形式的咖啡馆吸引了许多对未来有着美好幻想的年轻人，他们在此聚集，边喝咖啡边畅聊自己的未来设想。这为美国的科学技术革命埋下了伏笔。

红茶输入过剩，
英国发动对华鸦片战争

十八世纪的英国人离不开茶叶，但英国并非茶叶生产国。英国的茶叶文化是依靠中国的茶叶输出才建立起来的，因此两国之间存在着极大的贸易逆差。

反观中国，其对英国输出的产品没有太多的需求。在世界范围内颇受欢迎的机械纺织机，在清朝也没有卖出多少台。由于只有红茶这一单方面的贸易存在，英国的白银源源不断地流向了中国。而就在此时，美国独立，失去了美洲殖民地税收的英国变得更加穷困。

走投无路的英国人选择"和魔鬼做交易"，他们开始在印度殖民地大量种植罂粟。从成熟的罂粟中可以提炼并制作出成瘾性极强的鸦片。英国人计划把鸦片出口到中国。

早在十八世纪前期，荷兰人就尝试把鸦片作为商品出口到中国，但是当时的清政府明令禁止买卖鸦片。

英国人将本土生产的棉织品销往印度，并用得到的贸易款在印度大量购入鸦片，之后再将鸦片卖给中国，用卖鸦片挣的钱再购买大量的红茶运回本岛，以维持英国本土狂热的红茶文化。

鸦片的成瘾性极强，只要吸过一次就很难彻底戒断。清政府虽然不断出台法律禁止买卖和吸食鸦片，但效果并不理想。这主要是因为英国在背地里偷偷往中国输入鸦片。就这样，白银源源不断地流进了英国人的口袋，这时换成清政府的财政出现了危机。清朝的税收是用白银计算的，不断流失的白银让银价进一步升高，这导致最底层人民受到更残酷的压迫。

围绕鸦片问题，清朝和英国的关系逐渐恶化，1840年爆发了鸦片战争。取得胜利的英国还从清朝政府手中割走了香港岛。从此开始，随着英国对清朝的步步蚕食，英国本土的红茶文化也逐渐发展壮大。

辑
五

印度成为英国殖民地，
被迫大量种植红茶

正如前文所述，英国人对红茶的狂热动摇了中国清政府的统治，给中国社会带来了危害。不仅如此，英国的红茶狂热也给印度人民带来了灾难，英国人的出现打破了印度长久以来保持的食品自给自足的状态。

一开始，英国的红茶只从中国进口。但是每年巨额的红茶支出让英国政府的财政收支出现了问题，英国亟须找到其他可以替代中国的红茶种植国。在这个过程中，英国人在印度殖民地的阿萨姆地区发现了红茶原木。

之后，英国将印度大量的农耕用地都改造成了红茶种植用地：阿萨姆地区种植印度原产的阿萨姆红茶茶叶，大吉岭地区种植从中国引进的茶叶。

种植红茶需要大量的劳动力。英国政府驱赶孟加拉地区的农民前往阿萨姆进行红茶种植。印度的农耕用地原本是种植小麦和大米等生活必需的农产品的，而英国人为了获取便宜的红茶不惜抢占印度的大米耕种地，并强迫农民集中起来种植红茶。

加之当时的英国政府征收印度人手里的剩余粮食并运回英国本土，印度人为了抵抗天灾而储存的应急储备粮也被英国人掠夺得所剩无几。

正是因为英国的强迫种植红茶政策，原本富足的印度人民不得不面对多次全国范围的大饥荒，每次饥荒都会导致大量的印度人饿死。

1857年，印度爆发了大规模的起义，最直接的原因就是名为西帕依的印度佣兵集团对英国政府的不满，这背后也有印度广大普通民众对英国的怨恨。英国人为了自己能享受茶叶，不惜破坏印度人的农业系统。这次起义虽然声势浩大，但最终还是被英国政府镇压，印度也彻底沦为英国的殖民地。1877年，英国的维多利亚女王同时出任了印度帝国的国王。

抹茶实现本土种植，
日本茶文化再次兴起

深受欧洲人喜爱的红茶早在公元九世纪前后就已经传到了日本。日本有记载的最早的饮茶记录，是公元815年嵯峨天皇品茶的故事。从那之后，日本平安京地区的贵族阶层就经常饮茶，只不过饮茶的习惯并没有在普通大众的家庭中普及。随着与中国交流的中断，日本的茶文化也一时间没了踪影。

日本的茶文化复兴要等到公元十三世纪的镰仓时代了。临济宗的开山鼻祖荣西大师不但从宋朝带回了禅文化，同时还将茶文化又一次传到了日本。

荣西大师的禅宗思想在日本有许多追随者，其中最有名的要数镰仓幕府第二代将军源赖家及其母亲北条政子。在镰仓时代，将军的家族和北条一族都信仰并扶持荣西大师的禅宗。

有一次，因宿醉而苦恼的第三代将军源实朝请来荣西大师，希望大师可以通过祈祷祝福帮他治疗宿醉。荣西大师并没有念经，而是拿出了抹茶供将军品尝。

抹茶对于治疗宿醉也能发挥出色的作用。喝了抹茶之后，将军很快恢复了精神，并对荣西大师和抹茶嘉奖万分。

之后，荣西大师写成了《吃茶养生记》一书，并在书中将茶描绘为具有养生功效的灵丹妙药。因为这本著作的影响，武士阶层很快掀起了喝抹茶的热潮，抹茶文化进而逐渐传播扩散，很快其他阶层的人也开始尝试饮用抹茶了。

而让茶文化在日本发扬光大的最重要原因，是日本实现了抹茶的本土种植。平安时代的贵族只把茶叶当作海外传来的稀世珍品独自享用，并没有在日本开展茶叶种植的想法。随着荣西大师在筑前地区开始种植茶树，日本的茶叶种植业逐渐发展起来。后来筑前的茶叶被移植到京都地区，这就是今天宇治抹茶的前身。

全新的抹茶文化

——斗茶

　　抹茶文化在日本镰仓时期被推广到了全日本的各个阶层。之后新的饮茶文化的出现不但改变了抹茶文化，甚至还影响了日本的各个文化领域。

　　日本的南北朝时期，流行着一种全新的抹茶文化——斗茶。斗茶指的是在品茶之后，尝试猜出茶叶原产地的小游戏。斗茶最早起源于中国的唐代，在宋代和茶叶一起传播到了日本。

　　中国的斗茶一般是评判茶叶质量的好坏，而日本的斗茶大多是关于茶叶原产地的猜谜小游戏。

　　从武士阶层掌握权力之后，日本的文化也发生了很大的改变。平安时代的贵族只重视食物的外表，而武士阶层更重视食物的饱腹感和味道好坏。随着武士阶层越来越富足，他们对食物味道好坏的感受也变得更加敏感。其中抹茶的苦味可能也在一定程度上强化了武士们的味觉。

　　虽然在外国人看来日本人少油的饮食习惯看起来十分

寒酸，但追求食物本身味道的行为锻炼了日本人敏感的味觉。就这样，到了日本南北朝时期，斗茶运动兴起了。

这也是日本人能理解"风土条件"对农作物有影响的重要证明吧。"风土条件"一词在法语里是农耕用地和乡土的意思。不同的土地有着截然不同的土壤状况、水文状况，因此种植出的农作物也各不相同。农作物可以反映出产地特性，这就是风土条件学说。

受风土条件学说影响最深的是葡萄酒。在日本的漫画中时常出现天才品酒师可以只尝一口就能精准说出葡萄酒产地与收获年份的名场面，这足以证明现代日本人也能够理解风土条件学说。日本南北朝时期盛行的斗茶活动也印证了当时人们已经初步具备了这种思想。

为了让人们能够在斗茶中品尝到更多不同种类的茶叶，日本全国各地都开始种植有地方特色的茶叶。这促使日本的农业在短期内有了极大的进步。

我们再回到斗茶的话题上来。当时受斗茶文化影响最深的是日本的婆娑罗大名们。婆娑罗大名是一群否定现有权威和规章制度，热衷于身穿华丽外衣的新兴大名势力的总称。协助室町幕府建立政权的佐佐木道誉就是其中的代表性人物。这群人不遵从天皇的命令，热衷于破坏现有的价值体系。他们所追求的并不是被关注、被崇拜等虚无缥缈的荣耀，而是真正强大的实力与瞬时的惊险刺激。

斗茶往往在酒会后举行。斗茶大会的胜利者可以得到符合自己兴趣的奖品，这令热衷于追求刺激的婆娑罗大名十分享受斗茶活动。虽然天皇和其他势力也十分喜欢斗茶，但像佐佐木道誉他们这样把斗茶玩得如此刺激的却只此一家。斗茶也是日本南北朝时期新旧价值观冲突体现的一个缩影。

"斗茶"还影响到了其他饮食文化。在当时，日本也流行在酒宴上猜酒产地以及在鲤鱼宴席中猜鲤鱼产地的游戏。到了后来，人们不猜茶叶产地了，而是猜冲泡茶叶的水来自何方。

斗茶文化的终结者
——寂茶

终结了日本斗茶文化的是后来诞生的"寂茶"。

其实在寂茶问世以前，就已经有了这方面的征兆。在室町时代，日本东山文化的缔造者第八代将军足利义政并不喜欢斗茶，他更喜欢在书院中安静地品茶。他追求更多的是精神上的"饮茶"，因而他的饮茶方式也比以往的斗茶要朴素得多。

同时期还出现了一位重要人物——村田珠光。他具有禅道思想以及诗歌中所描绘的淡泊名利的精神。他将足利义政的书院茶文化再次升级，创立了茶室品茶文化。小小的茶室中包含着一个全新的小宇宙，在这精神世界中与茶合二为一的话，就能在精神层面获得更大的满足，这就是"寂茶"的由来。

村田珠光所创立的寂茶文化追求平等的世界。他深知一般平民对茶叶的喜爱，因此为了让所有人都能在品茶时进入纯净的精神世界，他选择建立一个小小的茶室。村田这种对于穷人阶层的体谅也影响了后世寂茶文化的传播者。

到了战国时代，推崇寂茶文化的是当时经济型都市堺城的富商们。当时以千利休为首的一批商人接过开展寂茶运动的大旗，最终完善了寂茶文化。

给了他们极大支持的是当时新兴的"以下犯上"的势力。武野绍鸥的门下就是三好一族以及松永久秀。这些以下犯上之徒为了解决室町幕府末期存在的政治问题，甚至刺杀了当时的第十三代将军足利义辉。支持千利休的更是日本史上最严重的以下犯上之徒丰臣秀吉。

新兴的叛逆阶层追求华丽世界，同时他们也喜欢在品茶时进入的精神世界。他们与之前提到的婆娑罗大名一样，是现有价值观的破坏者。他们在破坏斗茶文化的同时，也在推广全新的寂茶文化。

寂茶文化靠着这群叛逆者逐渐发扬光大，但在那之后日本再没有产生什么新的饮茶文化。到了江户时代，随着人们的身份和阶层逐渐固化，很难再出现之前那种具有叛逆精神的新兴势力了，日本的饮茶文化也逐渐固定化、形式化了。

辑
五

寂茶文化
竟然有改变政治格局的力量

寂茶文化为日本带来了难以想象的流血牺牲事件。在丰臣秀吉政权时代和德川幕府统治时期，日本痛失了当时寂茶文化的代表人物。丰臣秀吉逼死了千利休，德川家康杀掉了古田织部。

对于他们的死，学术界有着多种推测。有人推测千利休是被丰臣秀吉政权中新掌握权力的官僚阶层逼死的，也有人说他是因为和丰臣秀吉的价值观与爱好有冲突才被杀害的。而古田织部，人们普遍认为他是因为暗地里勾结丰臣秀吉政权的人而被处死的。

虽然真相已经无从查找，但丰臣秀吉和德川家康确实杀害了他们各自时代寂茶文化的代表人物，可能是出于对他们的畏惧吧。不管是千利休还是古田织部，在当时都是久负盛名的人物。去他们茶室拜访的人络绎不绝，其中不乏一些小有实力的大名。千利休和古田织部有着能和大名相约密谈的能力，可想而知他们在当时的日本有多么大的影响力。

　　寂茶文化是依托小型茶室建立起来的。很显然，能拥有小型茶室的人并不多，而这一间间小型茶室就仿佛一个个独立的世界，可以把任何人挡在门外，哪怕是当时的掌权者丰臣秀吉和德川家康。同时，小茶室里的交谈内容外人也是无从得知的。这不免让丰臣秀吉和德川家康担忧，茶室里的人会不会有什么非分之想。于是出于对千利休和古田织部能改变政治格局的影响力的畏惧，丰臣秀吉和德川家康不约而同地杀掉了他们。

辑
五

贵族的专用饮品——热可可

十七世纪后期，有三种饮品曾经风靡欧洲，那就是咖啡、红茶和巧克力。说到巧克力，人们肯定会第一时间想到固体形态的巧克力，但其实在过去并没有这种固态的巧克力，只有被当作饮品的热可可（巧克力）。

热可可的原材料可可豆是原产于中南美洲的一种热带植物。在欧洲白人发现美洲大陆以前，热可可是当地贵族的专用饮品，或者被当作神圣的饮品，仅供当地人在结婚仪式等重要场合饮用。

十五世纪末期哥伦布发现新大陆之后，热可可被传到了欧洲。当时西班牙人垄断了欧洲的热可可。那时，西班牙人发现在巧克力中加入砂糖，不但能中和可可豆本身的苦味，更能调和出一种全新的，仿佛能蛊惑人心的甘甜之味。

最初，西班牙人企图守住巧克力的秘密。但纸是包不住火的，如此美味的饮品被世人发现只是时间问题。渐渐地，热可可传到了法国和英国，广受人们的喜爱。

就像前文所说的那样，十七世纪后期的英国建起了大量咖啡馆，从中诞生了许多影响后世的新思潮。除了红茶和咖啡以外，热可可肯定也发挥着自己的一份作用。英国当时两大政党之一的托利党就是在名为"可可豆之树"的咖啡馆里诞生的，该政党的支持者中一定有大量巧克力爱好者吧。

作为饮品广受喜爱的热可可最终分化出了固态形式的巧克力。热可可是将可可豆打磨成粉，然后将可可粉冲泡制成的饮料。十九世纪中期，人们在可可粉中加入黄油和砂糖等材料进行反复提炼加工，再将其冷却，就成了我们今天常吃的固态巧克力了。后来，瑞士的亨利·内斯特莱和丹尼尔·波特成功研制出了牛奶口味的巧克力，还凭此成立了雀巢公司。直到今天，雀巢公司依然存在，它的巧克力依然远销世界各国。

激增的砂糖需求，
罪恶的三角贸易

虽然咖啡、红茶和巧克力都曾经风靡欧洲，对人类文明的发展有着极大的影响，但它们的传播都离不开砂糖的帮助。如果没有砂糖，那么无论是红茶，还是咖啡或者巧克力，都只是一种味道极苦的饮料而已，根本不可能在短时间内迅速风靡欧美。

经常乘坐国际航班的读者应该不难发现，日本人在喝咖啡时是很少加糖的，而欧美人几乎一定会在咖啡中加入牛奶和砂糖。这种习惯的诞生要追溯到十七世纪了。

砂糖的原材料甘蔗是一种在东亚和东南亚地区广泛分布的甜味植物。公元七世纪，随着伊斯兰教预言者穆罕默德的出现，伊斯兰教得以迅速扩张，砂糖便是在那时被传到伊斯兰教诸国的。欧洲人第一次接触到砂糖大约是在十一世纪的十字军东征时期，不过在那之后很长一段时间砂糖都是欧洲平民遥不可及的奢侈品。

十五世纪后期哥伦布发现新大陆之后，砂糖才真正流入欧洲的平民家庭中。当时，葡萄牙人已经将甘蔗带到大西洋的玛蒂拉岛上进行大规模种植。得知此事的哥伦布为了实现更大规模的甘蔗种植，将甘蔗种子带到了加勒比海的一座座岛屿上。从那以后，加勒比海上的群岛就成了欧洲殖民者的甘蔗种植园了，砂糖的大规模生产从那时起得以实现。

甘蔗是能长到 3 米多高的大型植物，因此甘蔗的种植不能依靠牲畜的帮助，只能依靠人力。这算得上一种重体力劳动了。最初，有不少在欧洲无法谋生的人响应政府号召前去加勒比海的岛屿上种植甘蔗。但人数还是太少了，就算聚集起加勒比海周边的居民也还是会有劳动力不足的问题。

为了解决劳动力不足的问题，欧洲人将目标锁定在非洲黑人身上。当时的欧洲人认为，只要将非洲的黑人带到加勒比海海岛上，让他们作为奴隶来耕种和收割甘蔗就能解决劳动力短缺问题了。不仅如此，如果使用黑人奴隶来进行工作，那么种植、收割和精炼的成本也可以大幅下降，可以说几乎是零成本。最开始使用黑人奴隶的是葡萄牙人，在那之后，西班牙人、荷兰人、法国人也相继加入，最后英国人的加入标志着罪恶的"三角贸易"已经形成。

辑五

英国的三角贸易是这样一种模式。英国商人先在本国采购大量武器，之后他们漂洋过海到非洲，用武器和非洲当地部落的酋长做交易，换取大量的奴隶。他们再把这些黑人奴隶赶上船，运往加勒比海地区贩卖给当地种植园的经营者。作为交换，他们会获得大量砂糖，只要将这些砂糖运回国售卖就可以换取巨大的财富。

在当时欧洲各国，咖啡和巧克力都颇有人气，英国的红茶也是人们每天必喝的饮品。砂糖的需求量高到无法准确计算。

砂糖其实也具有一定的成瘾性。在大量饮用富含砂糖的甜味饮料之后，人的味蕾会不自觉地追求更高程度的甜味。慢慢地，欧洲人对砂糖的需求日益增长，已经到了没有糖就无法生活的地步。砂糖在将红茶、咖啡、巧克力变得更加美味的同时也推动了欧洲近代化的改革与繁荣。与之相对，砂糖给黑人带来的却只有奴隶化和强制劳动等黑暗痛苦的回忆。

海地的反抗：
甘蔗种植园中爆发的独立运动

靠着黑人的牺牲换来的砂糖种植产业的繁华并不会持续很久，黑人奴隶最终还是爆发了反抗和起义运动，这也为海地带来了独立与和平。

在独立成功以前，海地一直是法国的殖民地。当时的海地占据着全球 40% 的砂糖市场份额。海地甘蔗种植园里的黑人奴隶对法国人的控制十分不满，最终积怨已久的他们爆发了独立运动，最直接的导火索就是 1789 年的法国大革命。

法国大革命时期的《人权宣言》深深刺激了海地的黑人奴隶。1791 年在图森·卢维杜尔的领导下，海地的独立运动爆发了。

对此，刚刚解决完法国革命内乱的拿破仑火速派兵前往海地进行镇压，但法国士兵在海地纷纷感染黄热病而失去了作战能力。就这样，黑人反抗者赶跑了法国殖民者，于 1804 年成功实现了独立建国。

海地的独立对拿破仑造成了很大的冲击。拿破仑之前曾设想利用从海地种植园获取的大量财富来实现自己在新大陆建立帝国的伟大构想。但海地的独立让这一切变成泡影。拿破仑最终也放弃了在美洲扩张的计划，并将广阔的法属路易斯安那州出售给了美利坚合众国。美国依靠这笔买卖实现了领土的扩张。

　　在新大陆建立帝国的美梦破碎后，拿破仑将矛头指向了欧洲。从一定程度上来说，拿破仑征服欧洲的计划与海地的黑人独立运动有着密不可分的联系。

砂糖带来的富足，
令日本萨摩藩实力大增

砂糖也深刻影响了日本的历史，特别是幕府末期那段时间。依靠生产砂糖，曾经贫弱的萨摩藩地区变得颇具实力。

甘蔗传入萨摩藩是在 1600 年前后，也就是日本庆长年间。萨摩藩的居民从中国人那里学到了种植甘蔗的技术，并将甘蔗和种植技术带回了萨摩藩，在奄美大岛开始种植甘蔗。奄美大岛属于亚热带季风气候，十分适合种植甘蔗。

不过在这之后，萨摩藩地区的领导者并不重视甘蔗种植产业的发展。真正推动日本甘蔗产业发展的是第八代将军德川吉宗，他出台政策大力嘉奖种植甘蔗的地区和农民，在当时的西日本掀起了一股种植甘蔗的热潮。其中要数四国产的甘蔗最受欢迎。

一直到十九世纪，萨摩藩的人民才意识到甘蔗的重要性。十八世纪末期的萨摩藩领导者岛津重豪因为过度痴迷欧洲文化，斥巨资引入了许多欧洲文化产业，但这些投资最终成了坏账，萨摩藩的财政出现了极大的问题。当时的萨摩藩亟须进行一场财政改革。

这个时候调所广乡出现了。他为了改善萨摩藩糟糕的财政状况，把目光聚焦在了奄美大岛和德之岛的甘蔗种植产业上。调所想方设法提高当地砂糖的产量，并以高价将砂糖卖给江户和大阪的人们。

在此我们先不讨论奄美大岛和德之岛上的农民为甘蔗的增产付出了多大的劳动。至少砂糖的大卖让萨摩藩不但实现了财政状况好转，更摇身一变成了日本最富足的几个地方藩属之一。砂糖的增产还让萨摩藩的实力如日中天，成为幕末时期最有发言权的藩属之一。萨摩藩之所以能在后来的倒幕战争及明治维新中大放异彩，也多亏了砂糖带来的富足。

酒精的绝佳替代品，
美军士兵的快乐源泉

可口可乐和百事可乐可以说是目前称霸世界饮料界的两大巨头。他们都是十九世纪末期在美利坚合众国创立的。

最初给可口可乐的创造者提供灵感的是从古柯树叶中提取出来的可卡因。可卡因的功效从美国南北战争时期开始被人们广泛关注。当时，为了缓解受伤士兵们的疼痛感，医生会给一些伤员注射吗啡。因为剂量问题，使用过量吗啡而中毒的伤员不在少数，而可卡因最开始就是被当作治疗吗啡中毒的特效药的。当时人们会把可卡因、葡萄酒以及柯拉树果实的提取液混合，制成一种内服药供人们饮用。渐渐地，人们开始用糖浆替代葡萄酒，这就是现代可口可乐的原型。值得一提的是，人们很快发现了可卡因的成瘾性，所以可口可乐很快终止了可卡因的使用。而百事可乐则因为使用了某种助消化的胃蛋白酶（pepsin）而被人们音译为百事可乐。

可乐之所以在美国有大量拥趸，主要是因为美国有过很长一段时间的禁酒期。1920 年到 1933 年这十几年间，美国有严厉的法案禁止人们随意饮酒，可乐就成了酒精最绝佳的替代品。

第二次世界大战时期，随着美军的参战，可乐也变成美军士兵必不可少的补给品之一。当时，美国士兵为数不多的快乐就是饮用可乐。可乐大量的糖分可以令士兵快速补充体力，消除疲劳感，碳酸的刺激又能让士兵迅速打起精神应对接下来的恶战。为了满足军队的需求，有时美军还会让可乐公司的工作人员在美军基地建设装瓶厂，以便快速地为士兵提供可乐。

当时的日本兵最喜欢的补给品是日式清凉汽水。富含柠檬酸和香精的日式清凉汽水也有着振奋人心的功效，只是碍于日本的产能过于低下，所以实际供给军队的数量很少。而美军士兵依靠可乐提供的强大斗志，接连战胜日本和德国的法西斯军队，最终帮助同盟国取得了二战的胜利。

辑六

酒：背后的
英雄兴衰往事

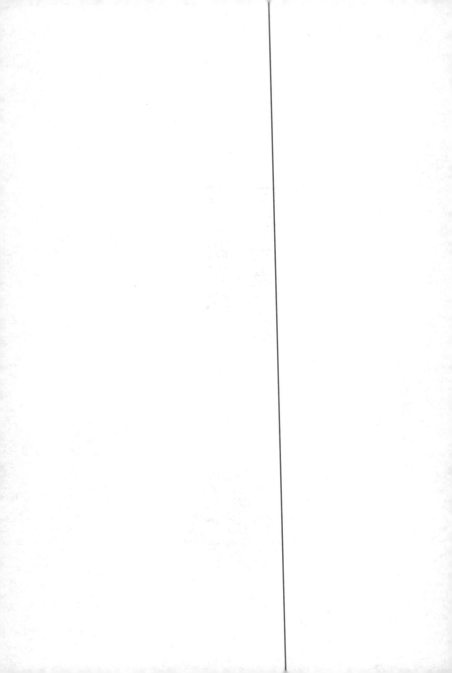

查理曼大帝的勃艮第葡萄酒制造业

葡萄酒的历史就是欧洲的历史，或者换句话说，葡萄酒的历史就是法国建国的历史。最开始喜爱饮用葡萄酒的是古罗马帝国的居民们。正是因为他们计划在阿尔卑斯山北部种植葡萄的想法，才有了后来法国蓬勃发展的葡萄酒酿造业。

在罗马帝国时期，高卢地区最繁华的城市是里昂，这主要是因为以里昂为中心的高卢地区的葡萄酒酿造业逐渐兴起。同时，里昂北部的勃艮第地区也开始出现大量葡萄种植园。

勃艮第葡萄酒最有名气的爱好者当属法兰克王国的查理曼大帝。查理曼大帝在八世纪后期扫平并征服了西欧地区的多个小国。在这之后，当时的罗马教皇里奥三世为查理曼大帝举行了册封仪式，后者正式成为新任罗马帝国皇帝。

对基督教徒来说，葡萄酒是特别的饮品。在基督教"最后的晚餐"故事中，使徒们吃的是面包，饮用的就是葡萄酒。在基督教的教义中，面包用来代表耶稣的肉，葡萄酒用来代表耶稣的血。因此对基督教的新任守护者查理曼大帝来说，葡萄酒是必须保护好的尊贵的饮品。为了保护葡萄酒，自然也需要保护葡萄种植地，为此他下令让当地人开垦更多的葡萄种植地。

就这样，名酒"高顿－查理曼"诞生了，"查理曼"指的就是查理曼大帝。查理曼大帝十分喜爱勃艮第地区高顿山丘所产的葡萄酒，所以他将此地作为自己的私有领土，派遣圣职者去勃艮第地区继续开垦新的葡萄种植地。

人们普遍认为，查理曼大帝最喜欢的高顿葡萄酒是一种红酒，可到了十九世纪人们才发现，高顿山丘生长的都是用来酿造白葡萄酒的白葡萄。从那以后人们开始用"高顿－查理曼"来给当地的顶级白葡萄酒冠名。

克吕尼修道院
与高级的勃艮第葡萄酒

　　十世纪初期，法国的勃艮第地区建起了一座名为克吕尼的修道院。这所修道院就是日后天主教改革的发祥地。

　　克吕尼修道院的管理层——克吕尼修道会的人都是本笃派的信仰者。六世纪，在意大利半岛出现了一位名叫"本笃"的僧侣，他创建了天主教的修道基础规则。从那以后，信奉本笃教派的信徒开始按照严格的戒律约束自己的行为。而克吕尼修道院就是一个有着严格戒律约束的地方。

　　中世纪初期，克吕尼修道会展现了自己影响欧洲格局的力量。他们拉开了宗教改革的序幕，倡导欧洲居民进行圣地巡礼。不仅如此，他们还是"国土收复运动"的倡导者。国土收复运动指从伊斯兰教手中夺回伊比利亚半岛的统治权，也可以被理解为一场西欧地区的领土扩张运动。西班牙和葡萄牙就是在国土收复运动中诞生的。

　　克吕尼修道会之所以能在欧洲有这么强的话语权，不单单是因为他们的主张很强烈，更重要的是因为他们有着充裕的资金。克吕尼修道会十分热衷于开垦农耕用地，特别是他们对勃艮第地区葡萄田的开垦使他们获得了大量美味的葡萄酒。这些葡萄酒最终变成了克吕尼修道会的资金源，供他们在外交上使用。

勃艮第地区是所有红酒制作地中纬度最高的。较低的温度十分不利于制作红酒，但是该地区东面的丘陵却最适合种植葡萄，正是克吕尼的修道僧人们发现了这一点。

说到克吕尼修道会的勃艮第红酒为何如此让人着迷，就不得不提到勃艮第地区的土地。气候宜人的意大利半岛

开垦了勃艮第地区的十三世纪时期的克吕尼修道院

十分适合种植葡萄，不过那里种出的葡萄只能做出日常饮用的寻常葡萄酒。但在类似勃艮第地区这样严酷的气候环境下，人们通过努力精心培植出的葡萄拥有更粗壮、更长的根茎，因而这种葡萄能吸收更多养分，自然也比普通葡萄更加鲜美。

克吕尼修道会的人靠着自己的信仰与丰富的种植知识，将勃艮第地区葡萄的魅力最大化地开发了出来。举世闻名的优质葡萄酒"布尔戈尼葡萄酒"的葡萄田也是他们开垦出来的。

直到现在，对勃艮第地区的人们来说，田间的工作依旧是整个葡萄酒生产过程中最为重要的环节。这是从克吕尼修道会时期就保留下来的传统。

克吕尼修道会曾向西欧地区扩展自己的势力范围，最多的时候他们在西欧地区设立了 1200 所分院。这时的克吕尼修道会已经不单单是一个修道院组织了，他们更像是封建制度时期的地方诸侯。

克吕尼修道院生产的勃艮第红酒是对当时有能之人最大的褒奖。克吕尼修道会依靠红酒外交的手段，将美味的红酒赠予有能之士，换句话说就是用勃艮第红酒收买人心，借此一步步达到自己宗教改革的目的。

随着克吕尼修道会积累的财富越来越多，他们建造的克吕尼修道院也逐渐成为欧洲中世纪时期最庞大的建筑。

在文艺复兴时期，梵蒂冈的圣彼得大教堂落成以前，克吕尼修道院一直是欧洲最宏伟的建筑。当时克吕尼修道院的僧侣们也可以内心毫无波澜地身着华丽的服饰。

为了对抗克吕尼修道会的堕落，西多派修道会诞生了。1098年在法国中部创立的西多派修道会也是宗教改革派的一员，他们在改革后期逐渐成长为一支庞大的势力。他们也是严格践行本笃戒律的虔诚信仰者，很热衷于开垦土地。

成长为拥有强力话语权宗教派系的西多派与勃艮第红酒也有着千丝万缕的联系，他们是在勃艮第地区开垦了大量农田的宗教派系之一，还是葡萄酒酿造业的改革者，曾经在"克罗斯庄园"里尝试新的葡萄栽培技术。这之前的葡萄栽培技术主要是将葡萄和梨树或者核桃树混合种植培育的，西多派的僧侣放弃了这种混合种植的技术，他们在克罗斯庄园葡萄田里只种植葡萄树一种作物。

虽然在现在看来单独培育葡萄树是理所当然的事情，

但在当时这还是人类的首次尝试。此举减少了不同作物间争夺矿物质时造成的营养流失，葡萄树可以独享土壤里的营养了。因此后来的勃艮第红酒的质量又得到了大幅提升，西多派通过改良的红酒获取了巨大的财富。克罗斯庄园生产的红酒直到今天仍是高品质红酒的代名词之一。

波尔多：
从英国国王领地变成葡萄酒生产地

提到法国红酒，或者说世界红酒的两大名产地，那就一定是勃艮第和波尔多。波尔多的红酒之所以能闻名世界，是因为那里的土壤十分适合栽培葡萄。在中世纪时期波尔多还是英国国王的领土。

波尔多变成英国国王的领土，完全是由王室之间的政治联姻导致的。1154 年，英国的亨利二世即位，英国从此进入了金雀花王朝时期。亨利二世还有另一层身份，那就是法国的安茹伯爵，所以他不只是英国的国王，同时还继承了法国安茹伯爵家族的领土。不仅如此，他的皇后阿基坦的埃莉诺也拥有法国西南部的大片土地。就这样，亨利二世实际上拥有英国和法国的大片领土，他的王国也被人称为"安茹帝国"。而波尔多就是安茹帝国中属于阿基坦领土的一部分。

从那以后，以波尔多为中心的一片区域开始受到英国王室的统治，渐渐地当地人的生活习惯也更接近英国。波尔多地区不但受到英国王室统治，同时也深受法国王室的影响。换句话说，波尔多正是靠着英国和法国王室之间的外交博弈而逐渐提升了自己在欧洲城市中的地位。

事实上，波尔多也凭借着自身独特的地位获得了很多特权。十三世纪初期，英国国王约翰丢失了在法国的大量土地，因此他被人们戏称为"失地王"。不过就算在这种局势下，波尔多一带还是被牢牢地掌握在英国王室手里。

但是，波尔多地区的人并没有那么老实，他们见英国国王失势，便企图抛弃英国国王，寻求法国国王菲利普二世的庇护。此举把英王约翰吓得不轻，他被迫给了波尔多地区许多特权来稳定人心。

波尔多地区原本是用来将阿基坦地区生产的红酒运往海外的囤货港口，当时的波尔多还不是红酒的产地。由于英王约翰赋予了波尔多自由贸易红酒的权力，从那以后，波尔多产的红酒可以随心所欲地销往其他国家。

这也造就了波尔多地区的繁荣。波尔多红酒卖得太好，在产能跟不上的时候，当地人甚至会把内陆产的红酒装进波尔多的酒桶，假装成波尔多红酒进行售卖。这在今天看

辑六

来肯定是轰动性的造假案，不过在当时却是被默许的事情。就这样，波尔多地区逐渐富裕起来，波尔多地区的人民也开始专心种植和培育本地的葡萄了。这也是波尔多地区成为名酒原产地的开端。

收回两大葡萄酒产地，法国实现了第一次统一

　　之所以说葡萄酒的历史与法国的历史并无差别，主要是因为如果法国没有收回勃艮第和波尔多的话，那么如今的法国也不可能存在。虽然现在的法国是一个完整统一的庞大国家，但法国最开始只是以巴黎为中心的一个小城市群而已。法国不断发展壮大才一步步成长到了如今的规模。不过在此过程中，有两块领土的收回却格外艰难，那就是勃艮第和波尔多。

　　前文说过，波尔多在很长一段时间是英国王室的领土，因此波尔多的繁荣与英国王室关联甚密。当时的法国王室想要收复繁荣的波尔多是颇有困难的。

　　另外，在中世纪时期，勃艮第地区属于勃艮第公国。当时的勃艮第公国是和法国王室划清界限的独立主权国家。支撑勃艮第公国繁荣的正是勃艮第地区的优质葡萄酒。该地区依靠克吕尼修道会和西多派修道会的改良，获得了制作高品质葡萄酒的技术，勃艮第公国因高级葡萄酒的贸易

获得了巨大的财富。

1339 年开始的英法百年战争对法国王室来说是最艰难的时期。其中很重要的一点就是，勃艮第公国曾在一段时间内和英国结成了同盟，共同对抗法国军队。将当时的法国救世主圣女贞德抓获并献给英国人的正是勃艮第公国的军队。

不仅如此，当时的波尔多还是英国王室的领土，法国王室不得不将勃艮第和波尔多地区都视为敌人。在那里法国人遭到了英国军队的猛烈进攻。

虽然英法百年战争期间法国军队一直处于劣势地位，但最后法国军队却成功地将英国人赶出了自己的领土。法国人取得胜利的原因之一，就是法国和勃艮第公国的握手言和。法国和勃艮第公国双方决心各退一步，组成同盟共同对抗英国。而解决掉后顾之忧的法国在和英国的正面对抗中迅速占据优势。

英法百年战争结束后，勃艮第地区又诞生了一位野心家，他就是被称为"突进公"的查理。查理当时觊觎神圣罗马帝国的王位。为了达到自己的目的，他将女儿嫁给了腓特烈三世的大儿子马克西米利安，成功缔结了一段政治婚姻。虽然之后查理因为自己的有勇无谋而很快战死沙场，但因为这场政治联姻，勃艮第在很长一段时间里都是神圣罗马帝国皇帝的领土。就这样，虽然过程有些曲折，但到了十六世纪，法国人终于将勃艮第地区彻底收为自己的领土。

由于百年战争中英国的战败，波尔多地区成为法国的领土。不过小心谨慎的法国国王还是继续给波尔多地区开放了特权，这主要是因为法国国王并不清楚波尔多地区会不会再次倒戈，与英国国王勾结。

就这样，法国在相继收复了波尔多和勃艮第两大葡萄酒名产地后，实现了第一次统一。

辑六

罗斯柴尔德家族
十分在意自家葡萄酒的等级评定

　　十九世纪的法国迎来了自己在历史上的高光时刻。虽然在拿破仑战争中法国最终战败，但其仍然从全世界的殖民地中收获了巨大的财富，巴黎也成为当时最华丽的艺术文化型都市。而巴黎和法国的辉煌都离不开法国菜的进化以及葡萄酒的改良。

　　十七到十八世纪，勃艮第葡萄酒和波尔多葡萄酒都进行了多次产品改良。过去的酿造技术无法应用到葡萄酒产业上，但经过改良，新的法国葡萄酒可以进行长期的保存了。与葡萄酒一起进化的还有法国菜。在当时的巴黎人看来，波尔多和勃艮第的葡萄酒与新式的法国菜简直就是"天作之合"。正是依靠这种绝妙的饮食组合，当时的法国人对自己本国的饮食文化十分自信，甚至自负到认为法国菜是世界第一的菜系。这种自负后来逐渐延伸到其他文化领域。

　　在辉煌的十九世纪，波尔多的葡萄酒开始实行等级评判制度。这是为了配合 1855 年在巴黎举办的万国博览会。

当时统治法国的是拿破仑的外甥拿破仑三世。通过选举成功上任的拿破仑三世有着实现法国伟大复兴的崇高愿望。他为了展示国威，将巴黎进行了大规模的现代化都市改造，并在巴黎举办了第一次万博会。就是在巴黎万博会上，波尔多红酒开始设立评级制度。

当时波尔多梅多克地区的葡萄酒设有5个等级（1—5）。拿破仑三世之所以如此偏爱波尔多，甚至为波尔多地区单独设立葡萄酒评级分类制度，主要是因为拿破仑三世在英国生活了很长一段时间，与英国关系匪浅的波尔多地区自然受到了他的偏爱。在当时获得一级葡萄酒殊荣的是"拉菲"、"拉图"、"玛歌"和"奥比昂"这四个庄园生产的葡萄酒。而现在的一级酒庄"木桐"在当时仅被评为二级酒庄，因此这次评级一直是"木桐"庄园的耻辱。

"拉菲"和"木桐"都是罗斯柴尔德家族所拥有的酒庄。罗斯柴尔德家族原本是德国商人，他们在拿破仑战争时期依靠战争发了一笔横财。被称为世界金融体系奠基者的罗斯柴尔德家族在当时广泛分布在巴黎、伦敦和维也纳等多座城市。

罗斯柴尔德家族的人为了将自身的外交优势转换为金

辑六

钱，不得不经常举办盛大的宴会。在这些宴会上，高级的葡萄酒是必不可少的。正因如此，巴黎的罗斯柴尔德家族买入了拉菲酒庄，伦敦的罗斯柴尔德家族则收购了木桐酒庄。

只不过在这次评级中，伦敦的罗斯柴尔德家族没有收获一级酒庄的殊荣。虽然他们落选的理由众说纷纭，但木桐酒庄还是下定决心竞争一级酒庄。他们还打出了"就算我们不具备一级酒庄的实力，我们也绝不甘心一直当个二级酒庄"的标语。

在他们的不懈努力之下，木桐酒庄在 1973 年被升级为一级酒庄。从那以后，木桐酒庄的标语就变成了"我们现在成了一级酒庄，但我们木桐的葡萄酒品质从未改变，还是一如既往地优秀"。

意大利：独立战争失败了，
顶级葡萄酒品牌诞生了

意大利是欧洲少数可以和法国竞争的葡萄酒名产地。虽然意大利的酿酒历史十分久远，但意大利直到近代才成功建立起自己的葡萄酒品牌。从十九世纪的意大利统一运动开始，意大利的葡萄酒才逐渐有了今天的模样。

十四到十五世纪，依靠文艺复兴获得短暂繁荣的意大利，到了十六世纪就成为法国、西班牙和德国进攻的对象。意大利的一座座城市相继沦陷，到了十九世纪初期，大多数意大利城市已经沦为外国的领土。

1848 年，法国爆发二月革命之后，欧洲各地犹如连锁反应一般相继爆发了多次革命运动。以撒丁王国为首的意大利地区也爆发了统一独立运动，但最终在奥地利拉德茨基将军的镇压下彻底失败了。

以这场失败为契机，意大利北部的独立势力开始谋求拿破仑三世统治下的法国的援助。特别是都灵的领导者加富尔，曾多次与法国接触。拿破仑三世为了遏制奥地利帝国而决定帮助加富尔。其间，加富尔还向法国咨询了有关皮埃蒙特地区葡萄酒产业的问题。

后来成为意大利独立英雄的加富尔意识到了意大利酿酒技术落后的问题，因此他一直对阿尔卑斯山北部的农业技术保持着兴趣。现在，都灵北部的皮埃蒙特地区拥有着巴罗洛和巴巴莱斯科这两个世界顶级葡萄酒品牌。这两个品牌的葡萄酒都曾受益于由克吕尼修道会改良的酿造技术。

意大利首相的
爱国情怀与基安蒂葡萄酒

1861 年，意大利人民终于迎来了祖国的独立与统一。加富尔领导的撒丁王国和拿破仑三世统治的法国联手，于 1859 年发动了索尔费里诺战役，成功战胜了奥地利帝国。

在意大利走向统一的趋势下，当时意大利中部地区托斯卡纳的领导者也和加富尔结成同盟，托斯卡纳地区就这样也被纳入统一的意大利版图。这之后，意大利军队的领导人加里波第成功出兵占领了西西里岛和意大利半岛南部地区，意大利在 1861 年完成了国家的统一。

托斯卡纳地区的领导者利加索里出任统一后的意大利首相。与加富尔一样，利加索里也对意大利的葡萄酒产业发展做出了卓越的贡献。他本人就是今天有名的基安蒂葡萄酒的创始人。

到了现代，基安蒂葡萄酒已经是代表托斯卡纳地区的名酒了，但在十九世纪以前，基安蒂葡萄酒还并不存在。托斯卡纳地区虽然在当时种植了各种品类的葡萄，但始终没有形成有名气的葡萄酒品牌。这主要是因为托斯卡纳地区的葡萄酒在品质上与波尔多和勃艮第的葡萄酒相差甚远。

利加索里为了推广托斯卡纳的葡萄酒，决定生产一种能代表当地风土特色的葡萄酒。为了实现这个目标，他最终选用了当地特产的桑娇维塞葡萄来酿酒，基安蒂葡萄酒就是这么诞生的。

利加索里对意大利深沉的爱，促使他为意大利酿酒业的进步做出了卓越的贡献。也正是因为对祖国有这种情愫，他才能成功出任意大利的首相。

在修道院中逐步改良的啤酒

啤酒是目前世界上受众最广的大众化酒精饮料。只要是能种植大麦和小麦的地方，就可以酿造啤酒。

从古至今都对啤酒抱有深深爱意的，要数日耳曼人了。在古罗马帝国称霸地中海地区的时候，日耳曼人就已经占据了阿尔卑斯山以北的领土了。爱好肉食的日耳曼人经常与爱好谷物的罗马人发生摩擦。日耳曼人和罗马人不仅对食物的喜好不同，对酒类的爱好也截然不同。日耳曼人喜欢喝啤酒，而罗马人则只爱喝葡萄酒。

虽然罗马帝国在日耳曼人的进攻下最终走向了灭亡，但欧洲的主流酒精饮料并没有因此而变更为日耳曼人所推崇的啤酒，相反，罗马帝国的葡萄酒文化仍对欧洲产生着深远影响。

另外，由于葡萄酒在基督教重要的仪式中是不可或缺的，因此接受基督教思想的日耳曼人自然而然地也开始饮用葡萄酒了。不过他们对于啤酒的喜爱却没有就此消失。

辑六

对加入了基督教的北方日耳曼人来说，啤酒是葡萄酒的代替品。阿尔卑斯山北部的寒冷地带是很难种植葡萄树的，作为替代，当地人通过酿造啤酒，把啤酒当作耶稣的血液来完成重要的宗教仪式。

在中世纪时期，阿尔卑斯山北部地区的各个修道院承担了啤酒酿造工作。这也是因为修道院里会囤积大量的谷物，十分便于开展啤酒酿造工作。

在修道院主导的欧洲中世纪时期，啤酒酿造业迎来了改革。人们发现，在啤酒中加入啤酒花可以提升啤酒的口感，让啤酒更容易发泡，保存的时间也更长。

世界上第一个食品管理法令
——《啤酒纯酿法》

1516年，在德国南部的拜仁公国，当时的领导者威廉四世颁布了《啤酒纯酿法》。

《啤酒纯酿法》是世界上第一个食品管理法令。此法令规定了啤酒只能以麦芽、啤酒花、水和酵母为原料。在此法令出台以前，常有用大麦替代麦芽做成啤酒的事件发生。

《啤酒纯酿法》的出现，使当时的啤酒品质有了保障，啤酒的价格也变得稳定。事实上，在《啤酒纯酿法》出台前，市面上流通着各种各样谷物酿造的啤酒。虽然该法令的出台解决了啤酒市场混乱的问题，但这个法令也有其不可告人的目的，那就是实现统治阶级对小麦的垄断。

之前我们说过，在欧洲中世纪时期，小麦是所有谷物中最具价值的。由小麦制成的白面面包是贵族和封建君主的主要食物，平民们能吃到的只有大麦和黑麦制成的粗粮面包。在当时那种情况下，如果放任珍贵的小麦被人私自拿去酿造啤酒，那么供给贵族阶级食用的白面面包就有可能面临短缺的问题。因此为了保障小麦不被拿去酿酒，《啤酒纯酿法》应运而生。

和面包一样，中世纪时期的欧洲就连啤酒都有一套等级制度。瑞士圣加仑修道院是最先开展啤酒酿造的修道院，会同时生产三种不同的啤酒，最高级的是用大麦和小麦制成的供修道院高级僧侣饮用的高级啤酒。次一级是用燕麦制成的，供修道僧侣和巡礼者饮用的中级啤酒。而最下等的是用大麦汁液和燕麦混合制成的，供仆人饮用或用作施舍穷人的下等啤酒。

在修道院的世界观里，饮用加入了小麦的啤酒是身份高贵的象征。当时的封建统治者和修道院僧侣无法容忍加了小麦的"高级啤酒"大量流入寻常百姓家，这也是《啤酒纯酿法》最终诞生的重要原因之一。

不过从另一个角度看，《啤酒纯酿法》使每个人都能饮用大麦酿成的啤酒，该法案也不失为一个带来公平的法案。

在日本，直到二十世纪末期，有些啤酒公司仍然会在啤酒中添加米和玉米等谷物原料。这种破坏啤酒纯粹口感的行为引起了大量啤酒爱好者的不满，但是也有部分饮酒者认为啤酒的种类越多越好。所以在现在的日本，人们既能喝到纯粹的大麦啤酒，也能喝到添加了多种谷物的混合啤酒。

从啤酒馆
走向政坛的希特勒

　　啤酒既是德国人日常生活不可缺少的饮料，又是改变了德国近代史的饮料。有一段时期，啤酒馆是德国人发表演说和举行集会的最佳场所。德国的部分大型啤酒馆可以同时容纳 1000 人，因此啤酒馆也成了政治运动的绝佳发祥地。

　　从啤酒馆中走向政坛的代表人物就是希特勒了。今天，慕尼黑的宫廷啤酒屋还因为希特勒在此发表过演说而成为著名的旅游景点。不过对希特勒而言，比起宫廷啤酒屋，贝格勃劳凯勒啤酒馆更让他印象深刻。

　　贝格勃劳凯勒啤酒馆是当时纳粹党党员经常聚会的场所，希特勒也在这个啤酒馆里发表了多次演说。1923 年，希特勒在慕尼黑发动了政变，而这场政变就是从这家酒馆开始的。

　　慕尼黑政变失败后，虽然希特勒被押送到了监狱，但其在慕尼黑的政变行为给当时的德国民众留下了深刻的印象，人们把希特勒视为狂热的爱国主义者。这也是希特勒

观光胜地宫廷啤酒屋

能于 1930 年成功当选德国元首的原因吧。

　　希特勒自己其实是不怎么饮酒的，相比之下他更喜欢甜食。他之所以频频前往啤酒馆，恐怕是为了用语言去煽动那些喝醉了的德国青年吧。

威士忌篇
从"药"到酒精饮品的蜕变

提到威士忌，人们会自然地认为它原产于英格兰或者爱尔兰。但鲜为人知的是威士忌的原型其实原产于西亚地区。

英格兰和爱尔兰在欧洲中世纪时期虽然已经有了威士忌酿造技术，但当时的人们只把威士忌当作一种"药"看待。直到十九世纪初期，威士忌酿造业才在英国发展壮大。究其原因，是拿破仑的大陆封锁政策，导致英国人没有办法从法国买到葡萄酒。

失去了葡萄酒的英国人迫切需要一种酒精饮品来替代葡萄酒，于是威士忌引起了人们的注意。英国人开始将威士忌当作一种酒精饮料看待，并渐渐体会到了威士忌的美妙滋味。这之后，为了追求更美味的威士忌，苏格兰和爱尔兰相继改良，推出了独特口味的威士忌，英格兰和爱尔兰也成了威士忌酒的圣地。

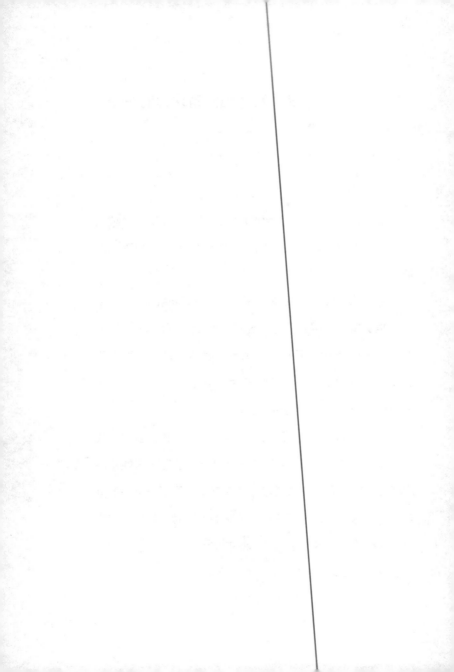

世界代表性美食

一、诞生

若是谈论世界上高级的美食，就不得不提到法国菜。法国菜既融合了法国文化的精华，又受到多个国家菜系的影响，特别是意大利托斯卡纳菜。通过不断的改良，法国菜发展成如今的样子。

1533 年，佛罗伦萨名门望族美第奇家族的凯瑟琳嫁给了法国国王亨利二世，这标志着文艺复兴时期带来的荣华富贵和美第奇家族的荣耀也随着凯瑟琳一起来到了法国。

当时，担任罗马教皇的是与凯瑟琳同家族的克雷芒七世。彼时的意大利半岛已经沦为法国、德国和西班牙的决斗场。教皇克雷芒七世与当时的法国国王弗朗索瓦多次交涉，最终将凯瑟琳许配给弗朗索瓦的大儿子亨利二世。就这样，意大利人获得了法国这个强力的盟友。

在当时的意大利人眼中，未受到文艺复兴洗礼的法国人就像一群乡巴佬。于是法国国王弗朗索瓦希望能通过联姻，获得文艺复兴中诞生的文化瑰宝。弗朗索瓦还是列奥纳多·达·芬奇的保护者之一，曾经尝试将达·芬奇招到法国庇护。

就这样，托斯卡纳美食也随着凯瑟琳的远嫁被带到了法国。虽然如今已经无法查证当时传过去的托斯卡纳菜具体是什么，但法国人一直宣称当时传到法国的托斯卡纳菜并没有什么特别之处。

事实上，在这次政治联姻之后，法国菜确实逐渐变得更加精致了。到十五世纪，法国的宫廷菜还是以大量肉类为主的，实在也谈不上有多精致。这可能是因为法国人在接触意大利的文艺复兴文化以前，并不知道什么是优雅的进食方式吧。同时，美第奇王妃所带来的文艺复兴时代的文化结晶，给法国人民带来了全新的体验。

二、飞速发展

从 1533 年直到 1589 年去世，凯瑟琳王妃在法国生活了很长时间。这期间，另一个影响了全欧洲的大事件就是马丁·路德的宗教改革。

宗教改革也对法国菜产生了影响，主要是因为天主教长久以来对欧洲人民饮食的束缚终于被打破了。

在天主教被视为绝对正确的年代，天主教认为使用黄油是野蛮的行为。能自由使用黄油的只有下等公民。直到宗教改革爆发，新教徒全面否定了天主教徒的饮食习惯。在新教徒眼里，使用黄油根本算不上什么野蛮行径。

当时的法国是天主教国家。亨利二世去世后，代替君王行使统治权力的是凯瑟琳王妃，而她也是虔诚的天主教徒。在她统治法国的时代，新教徒的分支教派，信奉加尔文主义的胡格诺派的教徒受到了极大的压迫。法国爆发了旷日持久的镇压胡格诺派教徒的血腥内战。

即便是如此信奉天主教的法国，最终还是抛弃了天主教的饮食禁忌。黄油有着橄榄油所不具备的独特香醇，而这独特的口感也让天主教教徒打破以往的偏见，接纳了美味的黄油。

就像现在的意大利菜离不开橄榄油一样，法国菜也离不开黄油。十五世纪以前的法国菜，在制作过程中广泛使用了橄榄油、核桃油以及猪油。宗教改革后，法国才开始大量使用黄油。

法国菜在使用了黄油之后，迸发出了更多的可能性。

十七世纪，黄油被广泛应用在肉类和鱼类菜肴中，以黄油为基底的多种酱汁也在那时应运而生。与黄油相结合的法国菜在短时间内迅速改良优化，这是依赖橄榄油的意大利菜所无法比拟的。

十六世纪末期即位的法国国王亨利四世停止了对胡格诺派教徒的压迫。在他的主导下，天主教和新教徒的矛盾逐渐得到了缓解。亨利四世为了实现中央集权，开始向绝对王权政治的确立不断努力。

虽然亨利四世最终惨遭暗杀，但他的儿子路易十三在黎塞留的铁腕辅佐下，一步步实现了国家权力的回归与集中。品尝到绝对王权胜利果实的是被人们称为"太阳王"的路易十四。

十七世纪，在路易十三和路易十四的统治下，法国菜朝着高端和宫廷菜的方向不断发展改良。

法国菜并非单指巴黎菜，而是指融合了法国全境，甚至欧洲全境各国菜系精华的"究极料理"。在法国菜中，人们习惯用酱汁的名称来表明其原产地。比如用"阿尔萨斯风"命名的酱汁就出自阿尔萨斯地区，"布列塔尼风"就代表这个酱汁出自布列塔尼地区；"安达卢西亚风"代表了西班牙的安达卢西亚地区，"弗兰德风"代表了比利时的弗兰德地区。

三、实力展现

法国菜第一次在世界范围内展现自己的实力是在十九世纪前期。1814 年，在维也纳召开了一场旨在重塑当时世界格局的欧洲各国外交会议。虽然法国代表也被允许列席，但法国是以战败国身份参加的，最多只能算是旁观者。在会议中，即便战胜国商讨法国领土割让的问题也不奇怪。

在那种情况下，法国的优秀外交家塔列兰举办了盛宴，一连数日用绝妙的法国宫廷菜和高级葡萄酒招待各国的外交官。为此，他特地从巴黎请来了当红主厨卡雷姆。被法国美食和美酒俘获的各国代表渐渐消除了对法国的敌意，而这只是塔列兰计划的第一步。

维也纳会议也被人们称为"会议之舞"，因为那场会议几乎没诞生什么有意义的重大决定。助推这种局面形成的也有塔列兰美食外交计划的功劳。在漫长的会议期间，拿破仑甚至一度从厄尔巴岛脱逃，企图复辟自己的政权，不过滑铁卢战役的战败使他彻底失去了翻盘的机会。

拿破仑的失败并没有让法国损失什么，这主要得益于法国的美食外交政策。从那以后，其他国家也开始流行起美食外交，美食这种化敌为友的神奇能力逐渐被各国政治家重视起来。

此外，受拿破仑战争失败的影响，巴黎诞生了一种新的小型餐厅，其实就是现在常见的大众食堂。虽然不能做出高级餐厅那般奢华精致的菜肴，但可以以低廉的价格提供能果腹的食物以及说得过去的葡萄酒。而巴黎这种小型餐厅实质上是由咖啡馆演化而来的。

之前我们提到过，在十八世纪，巴黎的咖啡馆是法国绅士和淑女们谈论政治和文化的小据点。而随着 1812 年拿破仑侵俄战争的失败，作为战胜国的俄罗斯开始往法国巴黎派遣驻军，在当时的巴黎街头经常能看到俄国士兵徘徊的身影。

这些俄国士兵在咖啡馆里会要求店家提供葡萄酒或者红茶。不管怎样，俄国人一到咖啡馆里就会用俄语说"快点快点"。之所以这么说是因为他们想早点喝到红茶或者葡萄酒。俄国人的这种行为让法国的咖啡馆发生了巨大改变。部分咖啡馆为了迎合俄国士兵将店铺名字改为"bistro"，这个词在俄语中就是"快点快点"的意思。后来，这个词逐渐变成了法式小餐馆的代名词。

四、新潮烹调

法国菜在很大程度上也影响了日本料理。明治以后，日本逐渐刮起了一股西洋饮食文化风，主要是经过本土化改良后的法国菜。从那以后，炸猪排、炸虾和日式蛋包饭也相继诞生了。

反过来，日本的饮食文化也给法国菜带来不小的影响。二十世纪七十年代，法国掀起了新派饮食的热潮，这股浪潮也极大地改变了法国菜的风格。

在新潮烹调风气掀起以前，法国菜一直以浓厚的酱汁作为主体。1950 年到 1960 年，伴随着经济的高速增长，法国人出现了饮食口味过重的问题。为此，法国厨师们开始主张制作更简单、更纯粹的新派菜肴。这就是新潮烹调运动的起源。

得益于航空业的发达，不少法国主厨前往日本品尝到了怀石料理，获得了完全不一样的体验。这种体验为后来法国菜肴的精致化找到一条出路。

在此之前，怀石料理在世界范围内还只是一种小众美食，除了日本人以外很少有外国人愿意尝试。怀石料理一般不会使用肉类，味道十分清淡。在法国人看来，怀石料理只是一道道"连绵不绝的前菜"。大多数欧洲人认为食物的主材一定是肉类，而怀石料理则是在最后的最后为食客们提供天妇罗。在喜欢肉食的欧洲人眼里，天妇罗根本算不上主菜。

但对厌倦了浓厚味道与强烈饱腹感的法国主厨来说，怀石料理为他们打开了新世界的大门。因为怀石料理的主要食材是鱼类，所以日本厨师对鱼和蔬菜的新鲜度有着近乎疯狂的追求，为了最大程度上体现出食物本身的味道。通过怀石料理，法国的主厨们意识到了食物本身味道的重要性，开始追求不过分调味、更重视食材本身的新潮烹调方法。虽然被称为新潮烹调领军人物的保罗主厨所创作的菜肴仍保留着些许法国菜重口味的影子，但他之后的一代代厨师为了制作出更优雅的菜肴，不断对法国菜进行了改良。

受影响的不仅仅是食物的味道，就连上菜的方式也发生了很大改变。在新潮烹调以前，法国的高级餐厅都是以前菜、主菜、甜点的顺序将餐食分为 3 份逐次提供给食客。如今，这种上菜方式在法式小餐馆中得以保留，而高级餐厅则使用着另一种上菜模式——主厨推荐制。这种模式会提供 7 到 8 盘不同的菜品，每一盘所使用的食材各有不同，主厨依照自己的想法为食客进行搭配。从这种上菜方式中不难看出日本怀石料理的影子。

唐宋时期

在东亚地区，中国菜非常具有代表性。日本人也深信，中国上下五千年历史所造就的饮食文化底蕴深厚。不过，中国菜以今天这种样式呈现，历史并不悠久。

北宋时期以前，中国人的饮食习惯别有样貌，从古代中国人食用"脍"这件事上可见一斑。"脍"是指切得很细的肉或鱼，人们用醋腌制后直接生食。脍被认为是日本刺身的前身。由此可见，中国人是曾热衷于生食肉类和鱼类的。

据笔者所知，现在很多中国人已经很少有生食肉类的习惯了。相比之下，日本在幕府年代以后开始不断追求鱼类的生食料理。

比较文化学者张竞曾在其著作《中华料理文化史》中提到，通过对宋朝流传至今的菜谱的研究，他推测出宋朝时期的菜肴在烹制时不会大量使用油。按照菜谱还原出的菜品与其说不油腻，不如说过于清淡。

倘若这个推测是真的，那么在宋朝以前，中国菜都是以寡淡味道为主的。当时的日本人也模仿中国菜的这一精髓，直到今日仍延续这种清淡口味。而中国的饮食习惯却在宋代之后发生了极大的转变。

元朝时期

由于北方游牧民族持续不断的入侵，中国的饮食文化发生了翻天覆地的变化。

随着唐王朝的衰败，北方的游牧民族开始大量涌入中国北方地区，不断侵扰中原。十到十一世纪，由契丹人建立的辽朝不断侵扰北宋；取代了辽朝的金朝又一度消灭了北宋政权。靖康之变后，宋室南迁，建立起南宋政权；大蒙古国异军突起，金朝和南宋政权相继灭亡。

这些游牧民族有着和中原居民截然不同的饮食习惯。游牧民族喜欢食用肉类，特别是羊肉。在他们不断侵扰中原的过程中，饮食习惯也逐渐融入中原主体民族的饮食习惯中。

中国人开始对有油脂、重口味的食物产生了兴趣，开始用油炒菜，并大量使用调味料，渐渐地演化成现在中国菜的样子。

清朝时期

满汉全席是清朝时期的宫廷宴席，是将中国东北地区的特色菜和中国其他地区的特色菜一同端上餐桌的集大成之作。宴席上的美食种类极多，甚至多到需要花费几天才能将所有菜品全部品尝一遍。

满汉全席也是满族人征服中原的产物之一。满族和中原主体民族汉族有着不同的饮食习惯。清政府为了缓和与汉族之间的矛盾，推出了名为满汉全席的盛大宴席。

造就清朝全盛时期的康熙皇帝和雍正皇帝都不追求奢侈的饮食。他们都食用粗茶淡饭，比较节俭。其中大概也有饮食习惯不同的原因，内陆出身的满族人吃不惯中国南方的海鲜食品。

不过乾隆皇帝却与他的祖、父辈们截然不同。他是一个追求饮食享受的人。也是在他的推动下，满汉全席诞生了。

二十世纪初期，随着清政府的衰败和灭亡，满汉全席逐渐从人们的视线中消失了。主要原因是准备满汉全席需要耗费大量的人力、物力和时间。

一、起源

意大利面广受世界各地人们的喜爱，但其实人们对意大利面这种食物一直有着很深的"误解"。

关于意大利面是如何诞生的问题，据目前为止可信度最高的推测，意大利面是由马可·波罗从东方带回到意大利的。十三世纪，在蒙古帝国占据欧亚大陆大片领土的时代，欧洲和亚洲各国是通过陆路连接的。相传马可·波罗便是利用横跨欧亚大陆东西两端的陆路交通，从西方一直周游到地处东方大陆的中国。马可·波罗在中国品尝到了面食的美味，于是将面的做法带回意大利。当然还有一部分学者认为，早在马可·波罗之前，就已经有西方的商人将面食带回欧洲了。

确实，中国自古以来就有食用面食的传统，这一习惯后来甚至传播到了日本。不过近几年关于意大利面的诞生又出现了一种新的学说。有部分学者认为，意大利面有可能就是意大利人自己发明的。

以意大利为代表的欧洲国家，其饮食文化其实和面食是不搭边的。用餐时，近代的欧洲人会同时使用刀叉，而在那之前，欧洲人仅将餐刀作为主要的进食工具。这样的话，意大利人只能用手吃意大利面了。这种用淋着热酱汁的面食，用筷子吃起来毫不费力，但对以餐刀为主要饮食工具的欧洲人来说确实是一个不小的挑战。

十六世纪以后，欧洲人频频远渡重洋来到中国或者日本。但他们似乎都没有对面食表现出格外地关心，也没有将面食带回祖国的想法。那么马可·波罗又为何要将面食带回意大利呢？

新的观点认为，意大利面可能是从古希腊或古罗马帝国的小麦粉制成的食品中演化而来的。古希腊时期有一种面食叫作"拉格农"，由小麦粉和水制成，呈扁平长条状。拉格农在古罗马时期逐渐演化为"拉加奴姆"。而拉加奴姆就是后来的意式千层面的前身。

还有一种观点认为，意大利面由古罗马的另一种食物"托里"演化而来。虽然现在人们还无法确定托里的具体形式，但可以肯定的是，托里也由小麦粉制作而成。

拉加奴姆和托里没有随着罗马帝国的覆灭而销声匿迹，而是一直影响着欧洲人特别是意大利人的饮食。中世纪时期，在意大利流行的"线面"同时具有托里和拉加奴姆的特点，被认为是意大利面的早期形式。其实在十八世纪以前，人们把意大利面统一称为线面。

二、发展

古罗马时期，意大利半岛上出现过一种类似意大利面的食物，但不久就突然消失了。人们猜测这可能是由日耳曼人的进攻所致。

日耳曼人是崇尚肉食的民族。他们认为任何食物都比不上肉食，当然也就不重视农作物。日耳曼人在占领别国领土的过程中会把农业用地搞得一团糟。可能正是因为日耳曼人的侵略，大片小麦田逐渐荒废，才最终导致了意大利面文化的消失吧。

但是"意大利面"这个概念却一直留在了意大利半岛居民的心中。有学者认为，借由地中海贸易的发展，意大利面被再次从中东地区带回了欧洲。中世纪初期，意大利面在意大利半岛上再次出现。经过多年的传播，于中世纪

辑七

后期，意大利面文化传遍意大利半岛。

经过脱水加工处理的干燥意大利面十分适合长期保存，这也是意大利面重获新生和人气的秘诀所在。最先开始重视脱水意大利面的就是意大利商人。在他们周游地中海各国进行贸易活动时，能长期保存的意大利面就成了他们最重要的伙伴。

之前我们说过，支撑着大航海时代船员健康的是腌制过的鳕鱼干。对稀缺小麦的阿尔卑斯山北部国家来说，鳕鱼干确实是唯一的可保存食物；但对小麦富足的意大利船员来说，干燥意大利面显然是他们更好的选择。

话虽如此，直到近代，意大利面都是只有贵族才能享用的高级食材，一般市民和农民是没有机会吃到的。

干燥意大利面是为了长期保存而制作出来的储备粮，无法成为寻常百姓的日常食物。手打的新鲜意大利面更是极其珍贵，因此当时能吃上意大利面的人并不算多。

直到二十世纪后期，意大利面才逐渐成为意大利人不可代替的日常饮食之一。得益于经济的高速增长和产业革命的成功，二十世纪后期的意大利已经可以以低廉的成本大量生产意大利面了。就这样，意大利面第一次被端上寻常百姓的餐桌。

三、与番茄的结合

在十九世纪的意大利，那不勒斯可谓意大利面的圣地。该地区的意大利面被称为"通心粉"，所以人们也称这里的小孩们是"通心粉贪吃鬼"。我们今天常吃的通心粉就是由那不勒斯通心粉演化而来的。

十八世纪，那不勒斯爆发了一场"意大利面革命"——将意大利面与番茄结合在一起。现在最受欢迎的意大利面往往使用番茄酱来调味，然而在十八世纪以前，人们普遍使用芝士、黑胡椒、砂糖或玉桂来进行调味。

番茄和马铃薯一样，都是原产于南美洲大陆安第斯山脉附近的植物。在哥伦布发现新大陆后，番茄与马铃薯和玉米一同被传往欧洲。番茄因为看起来有毒而一直得不到人们的青睐。

相传，那不勒斯的一位主妇在烹饪时无意间将番茄加到了意大利面里，结果出人意料的美味，于是大多数那不勒斯人都开始尝试这种做法。令人好奇的是，被称为"恶魔食物"的番茄怎么会轻易被那不勒斯人接受呢？

有一种说法认为，饥荒年代的人们迫不得已吃了番茄之后，发现番茄不但没有剧毒，而且味道还格外好，从此那不勒斯人逐渐接受了番茄。另一种说法认为，是西班牙人的努力推动了欧洲人民食用番茄的进程。与其他欧洲人不同，将番茄带回欧洲的西班牙人很早就发现了番茄的食用价值。十六世纪末，西班牙曾统治过那不勒斯一段时期。西班牙人大概就是在那时，将番茄可食用的观点带到了那不勒斯，以至于后来在那不勒斯还诞生了有名的"西班牙风味番茄酱"。

与番茄酱结合而成的新式意大利面在短时间内获得了极高的人气。意大利菜也因为番茄酱的加入而变得更加丰富多样。

四、向世界传播

意大利面虽然曾短暂地在阿尔卑斯山以北的欧洲国家流行过一段时间，但这之后并没有掀起什么波澜。

意大利裔歌剧作曲家罗西尼曾以美食家的身份移居巴黎，并在那里开了一间提供意大利面的餐厅。但最终，意大利面还是没能在巴黎站稳脚跟。令人意外的是，意大利面传到了遥远的大洋彼岸，在美国逐渐发展壮大。

将意大利面带到美国的是意大利裔移民，他们把意大利面当作乡土料理，在怀念故乡时便会食用意大利面。只不过意大利面也没有被美国人彻底接受，因为它在美国人的饮食习惯里并不适合做主菜。

在美国之所以流行起以意大利面为主的配菜，主要是因为意大利面是由谷物制成的。十九世纪，美国人的饮食习惯还是以肉类为主，因此少量的谷物制品可以很好地调节肉类食品的浓厚口感。

对当时的美国人来说，在吃肉的同时食用少量番茄酱和意大利面是再合适不过的了。

另外，对生活在美国的穷人来说，能有意大利面吃他们就已经很满足了。他们还将意大利面与肉丸相结合，发明了有名的"番茄肉丸意大利面"。

之后，番茄肉丸意大利面也流入日本。在太平洋战争结束后，作为战胜国的美国自然而然地向日本派遣驻军。为了迎合美国人的口味，当时的日本西餐厅也开始提供意大利面、汉堡肉排和炸虾等美国人爱吃的小食。

随着日本的西餐厅开始提供加入了番茄酱的意大利面，意大利面在日本的人气也逐渐升高。日本人非常喜爱面食，甚至可以说一碗面就能让日本人得到满足。既然意大利面本身就是一种面食，那么仅靠意大利面也应该可以在日本饮食界开宗立派了。就这样，日本的许多餐厅和咖啡厅开始为客人提供"那不勒斯细面"。

那不勒斯细面是日本原创的一种意大利面，这和意大利面圣地那不勒斯地区所流行的意大利面毫无关系。日本的那不勒斯细面是把面用番茄酱炒到完全熟透后制成的。虽然日本的厨师也知道那不勒斯风味意大利面，但为了宣传还是让自己的产品顶着那不勒斯细面的名号继续"招摇撞骗"。

在日本，到了1970年以后，只要提到意大利面，那指的一定是那不勒斯细面或者肉丸面了。到了1980年，一切都发生了改变。当时的日本人因为日元升值变得十分富裕，因此很喜欢去欧洲旅游。

随着越来越多的日本人去到意大利，他们第一次品尝到了正宗的意大利面，那简直是和日本那不勒斯细面完全不一样的两种食物。重视口感的正宗意大利面的概念很快就被日本人带回了国。从那以后，正宗的意大利面逐渐在日本站稳脚跟。如果用米其林餐厅的数量来做评判标准的话，那么日本是仅次于意大利的世界上第二个喜欢吃意大利面的国家。

从英国到日本

提到咖喱，大家会想到日本人经常食用的日式咖喱，不过日本的咖喱是经过本土化改良后的产物，正宗的咖喱还是要数印度咖喱了。如果让印度人来评判的话，那么他们一定会说日式咖喱根本不能叫咖喱。

日本的咖喱之所以和印度咖喱有很大不同，主要是因为在传播途中有英国的介入。十九世纪，英国在印度开辟了大片殖民地，当时被派往印度的行政长官很快发现了"咖喱"这种新奇的食物。英国人将咖喱带回本土，结合本国人的口味做了改良。

虽说印度是咖喱的发祥地，但其实印度并没有什么咖喱菜。换句话说，在印度根本就没有"咖喱"这个概念。英国人所发现的被他们称为咖喱的食物，其实是印度人用大量香辛料烹制的炒肉或者炒菜。这种做法的食物在泰米尔语中读作"咖喱"，因此英国人把在烹饪过程中加入大量香辛料调味的菜品统称为"咖喱"。

在印度吃过咖喱的英国人回国后仍想复刻记忆中的味道。他们同样使用大量香辛料给菜品调味，不同的是，香辛料的种类和数量都是按照英国人的口味调制的。就这样，经过本土化改良的英式咖喱诞生了，并且很快就收获了大批爱好者。据说连当时的维多利亚女王也是英式咖喱的忠实粉丝。

在那之后，还发生了一件引起咖喱制作变革的大事件，那就是英国人成功研制出了咖喱粉。有了咖喱粉，咖喱的制作就变得极为简单了，因此咖喱迅速传播到世界各地，自然也包括明治维新之后的日本。

咖喱之所以能在日本广泛传播，很重要的原因是旧时代的海军把咖喱当作军队指定用食。

英国军队的咖喱军粮化进程比日本要早得多，其中自然少不了咖喱粉做出的贡献。咖喱粉是能长时间保存的调味料。有了咖喱粉，哪怕是在远洋航行途中也可以随时随地制作咖喱。渐渐地，咖喱成为英国海军必不可少的食物。同时，英国海军为了防止咖喱在风浪颠簸中发生侧漏问题，将咖喱改良，做得更为浓稠。这种形态的咖喱后来也传入日本。

辑七

最积极接纳咖喱的是日本海军，这主要是因为咖喱能够有效防治脚气病。之前我们提到过，如果日常饮食中过于偏爱大米而不经常摄入蔬菜和水果的话，人很容易患上脚气病。江户时期的大名和富商们都被脚气病困扰，即便到了明治时期也没有什么有效的防治手段。

近代化改革后的日本陆军、海军因为军粮中米饭的比例过重而患上脚气病的士兵不在少数。在这种情况下，有着英国留学经验的海军军官高木兼宽提出了他的防治脚气对策。

高木身上具有英国的实用主义精神，他发现自己留学时见到的英国海军军人中，没有患有脚气病的人。如果照搬英国海军的饮食习惯，或许能够帮助日本军人预防脚气病。因此日本海军开始模仿英国海军，将咖喱设为军队的日常用食。这之后，越来越多的日本海军士兵尝到了咖喱的美味，退役之后仍想方设法地寻找咖喱饭。

1929年，在大阪的梅田地区，世界上第一所复合型综合百货商场阪急百货迎来了自己的盛大开业。其中最引人关注的就是商场里的咖喱店了。依靠咖喱的金字招牌，阪急百货迅速吸引来大批客人，从那以后阪急百货也成了日本最有名气的百货店品牌了。

　　咖喱之所以在日本受人青睐，最主要的原因是咖喱和米饭的搭配组合实在是太合适了。日本人从古至今都对米饭有着别样的热情，所以也渴望寻找到一种和米饭绝配的配菜，而咖喱就是这样的存在。制作咖喱饭也十分简单，只需要把咖喱汁浇在米饭上就大功告成了。这种既简便又好吃的食物给日本人带来了全新的体验，也让他们深陷其中，无法自拔。